神朔铁路检修作业标准

（电务专业）

神朔铁路分公司　编

西南交通大学出版社

·成　都·

图书在版编目（ＣＩＰ）数据

神朔铁路检修作业标准.电务专业 / 神朔铁路分公司编. 一成都：西南交通大学出版社，2019.1
ISBN 978-7-5643-6666-7

Ⅰ. ①神… Ⅱ. ①神… Ⅲ. ①铁路 – 电务段 – 检修 – 作业标准 – 中国 Ⅳ. ①U216-65

中国版本图书馆 CIP 数据核字（2018）第 290790 号

Shenshuo Tielu Jianxiu Zuoye Biaozhun
（Dianwu Zhuanye）

神朔铁路检修作业标准
（电务专业）

神朔铁路分公司　编

责任编辑	黄淑文
助理编辑	梁志敏
封面设计	原谋书装

出版发行	西南交通大学出版社 （四川省成都市二环路北一段 111 号 西南交通大学创新大厦 21 楼）
邮政编码	610031
发行部电话	028-87600564　028-87600533
网址	http://www.xnjdcbs.com
印刷	四川煤田地质制图印刷厂

成品尺寸	185 mm×260 mm
印张	7
字数	160 千
版次	2019 年 1 月第 1 版
印次	2019 年 1 月第 1 次
定价	28.00 元
书号	ISBN 978-7-5643-6666-7

中国神华神朔铁路分公司文件

神朔运管〔2019〕30号

管内各单位：

　　《神朔铁路检修作业标准（电务专业）》已经审核通过，现予发布，自 2019 年 1 月 1 日起施行。（后附：《关于印发〈神朔铁路检修作业标准（电务专业）〉的通知》）。

　　（《神朔铁路检修作业标准（电务专业）》另发单行本。）

总经理　南志

2019 年 1 月 1 日

关于印发《神朔铁路检修作业标准（电务专业）》的通知

管内各单位：

  为加强神朔铁路信号维修管理工作，贯彻落实公司的"安全、稳定、制度、纪律、落实、督办"十二字安全生产方针，规范室内外信号设备检修作业程序、内容、步骤及方法，优化作业流程，管控作业风险，总结作业质量完成情况，保障铁路行车安全，适应重载铁路一体化运输新形势下设备检修要求，根据《普速铁路信号作业指导意见》《铁路信号维护规则》《神朔铁路技术管理规则（电务专业）》，结合神朔铁路实际情况，编制了《神朔铁路检修作业标准（电务专业）》，现予以印发，自2019年1月1日起施行。

  《神朔铁路检修作业标准（电务专业）》是神朔铁路电务专业设备检修以及专业人员技术培训、专业技能鉴定的技术标准。

  本标准是《神朔铁路检修作业标准》系列技术标准中的电务专业部分，由神朔铁路分公司运输管理部负责解释。各相关单位严格遵照本标准执行，并将执行中的有关情况及时反馈神朔铁路分公司运输管理部。

  附件：神朔铁路检修作业标准（电务专业）

神朔铁路分公司

2019年1月1日

编　委　会

前　言

为加强神朔铁路行车设备技术管理，适应新设备、新技术、新工艺、新材料以及既有常规设备的检修要求，保证行车设备运行检修过程中的人身、行车及设备安全，根据《神朔铁路技术管理规则》相关内容，结合神朔铁路实际情况编写了《神朔铁路检修作业标准》系列丛书。

《神朔铁路检修作业标准（电务专业）》，适用于神朔铁路电务设备检修、养护管理工作。

本书由神朔铁路分公司运输管理部组织编写。在编写的过程中，得到了神朔铁路各单位电务专家的大力支持和帮助，在此表示由衷感谢。

由于编写人员知识水平有限，本书难免有不足之处，如发现有需要修改和补充之处，请大家提出宝贵意见。

编委会

2018 年 11 月

目　录

第1章 色灯信号机检修作业标准

一、主题内容及适用范围

1. 本作业指导意见规定了色灯信号机检修作业的程序、项目、内容及相关标准。
2. 本作业指导意见适用于神朔线色灯信号机检修工作。
3. 带 "*" 号项目为关键项目。

二、规范性引用文件

下列文件中的条款通过本标准的引用而成为本标准的条款，凡是注有日期的引用文件，其随后所有的修改单（不包括勘误的内容）或修订版本均不适用于本标准，然而，鼓励根据本标准达成协议的各方研究是否可适用这些文件的最新版本。凡是不注日期的引用文件，其最新版本适用于本标准。

《普速铁路信号维护规则》（技术标准）

三、作业目的

检查设备运用状况，发现隐患并修复设备缺陷，确保运用质量符合技术标准。

四、风险预控

1. 作业前预想：联系、登记、检修准备、防护措施是否妥当，对作业中的危险源充分辨识和认知并制定管控措施。
2. 作业中预想：有无漏检漏修和只检不修及造成妨碍的可能，作业过程中危险源辨管控措施执行是否到位。
3. 作业后预想：检和修是否彻底，复查试验是否良好，加锁是否完备，作业后将检修结果在《行车设备登记簿》上登记。
4. 高柱信号机作业中确认地线良好，必须正确使用安全带。
5. 雷雨天气和本线、邻线有车接近时，禁止登高作业。
6. 信号机上作业时，要检查确认各部地线连接是否良好，人和手持工具不得侵入距接触网 2 m、回流线 1 m 以内的范围。
7. 禁止上下同时作业，不准上下抛递工具、材料。

五、作业流程图

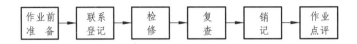

六、检修作业程序、项目、内容及相关标准

（一）作业前准备

1. 召开作业准备会，作业负责人布置检修任务，明确作业地点、时间、任务及相关人员分工。

2. 工具材料准备：通信联络工具、作业工具、测试仪表、零小材料等。

3. 穿戴防护用品。

（二）登记联系

1. 驻站联系人按照规定在《行车设备检查登记簿》内登记。现场作业人员通过驻站联系人得到车站值班员允许作业的命令后，方可进行作业。

2. 作业前作业人员应与驻站联系人互试通信联络工具，确定作业地点、内容；作业中现场防护员将作业地点变动情况及时通知驻站联系人，并应定时与驻站联系人进行通信联络，确保通信畅通。

（三）检修设备

1. 外部检查：见《神朔铁路技术管理规则》（电务专业）色灯信号机日常养护工作内容。

2. 机构及箱盒内部检修：

（1）检查机构及箱盒内部配线是否整齐、无老化，线头无损伤。

（2）变压器等固定良好，螺母垫片齐全紧固、线头无松动，防松标记齐全。

（3）配线端子编号、铭牌标记齐全、正确、清晰。

（4）接配线图、电缆去向铭牌正确。

*（5）逐个灯位进行主、副灯丝电路转换试验，各部螺丝无松动，报警试验良好。

*（6）透镜清晰，内色玻璃固定良好、清洁、无破裂，电缆引入孔绝缘胶无龟裂、无废孔，灯室及箱内油漆完好、整洁。

（7）地线接触良好，引接端子紧固无松动。

*3. 检查调整信号显示距离。

4. 完成规定的测试项目及内容。

5. 作业人员发现设备缺陷立即修复，若当时不能解决的应逐级汇报，及时组织处理。

6. 发光盘后面有一个凸起的防雷盒盖，用两个手指沿箭头方向上下挤压，可将盒盖向后取下，抽出防雷印制电路板（抽出该板不会影响发光盘的正常工作），即可对板上的防雷器件进行直流特性检测。

（1）测量压敏电阻漏电流，30 V 时应≤8 μA。

（2）测量陶瓷放电管的点火电压，应为（90±20）V。

（3）经过测量发现不合格的器件应及时更换。

（四）复查

1. 检修作业完毕，确认设备无异常。
2. 确认加锁良好，活动部分保持油润。

（五）销记

检修作业完毕，作业人员检查无材料遗漏，人员及作业机具全部下道后由作业负责人向驻站联系人汇报，驻站联系人员方可办理销记并交付使用。

七、作业点评

作业完毕，作业负责人组织召开小结会，作业人员汇报任务完成情况和设备质量情况，作业负责人填写《工作日志》，将检修发现且未能修复的问题纳入待修记录。

八、附录

附录 A

（规范性附录）

XSLE 型 LED 信号机参数表

型号	额定输入电流	额定输入电压	抗干扰门限电压
XSLE	162 mA	DC（46±2）V	线路电压 AC 60 V

附录 B

（规范性附录）

XSL 型 LED 信号机参数表

工作电压（AC）/V	工作电流（AC）/mA	输出电压（DC）/V	额定负载电流/mA	空载电流/mA
176～235	70～140	12±0.5	700	≤16

第 2 章　ZD6 系列道岔转换设备检修作业标准

一、主题内容及适用范围

1. 本作业指导意见规定了 ZD6 系列道岔转换设备检修作业的程序、项目、内容及相关标准。

2. 本作业指导意见适用于神朔线 ZD6 系列道岔转换设备检修工作。

3. 带"*"号项目为关键项目。

二、规范性引用文件

下列文件中的条款通过本标准的引用而成为本标准的条款，凡是注有日期的引用文件，其随后所有的修改（不包括勘误的内容）或修订版本均不适用于本标准，然而，鼓励根据本标准达成协议的各方研究是否可适用这些文件的最新版本。凡是不注日期的引用文件，其最新版本适用于本标准。

《普速铁路信号维护规则》（技术标准）

三、作业目的

检查设备运用状况，发现隐患并修复设备缺陷，确保运用质量符合技术标准。

四、风险预控

1. 作业前预想：联系、登记、检修准备、防护措施是否妥当，对作业中的危险源充分辨识和认知并制定管控措施。

2. 作业中预想：有无漏检漏修和只检不修及造成妨碍的可能，作业过程中危险源辨管控措施执行是否到位。

3. 作业后预想：检和修是否彻底，复查试验是否良好，加锁、销记手续是否完备，作业现场是否清理整洁。

4. 检修前将需要检修的道岔进行一次扳动往返。

5. 开盖检修转辙机内部必须断开安全接点。

6. 摇动或扳动道岔时，身体的各个部位严禁侵入尖轨与基本轨之间，严禁用手指探入各种道岔销孔。

7. 多动道岔扳动试验时，首先确认关联道岔上无人作业。

五、作业流程图

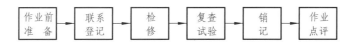

六、检修作业程序、项目、内容及相关标准

（一）作业前准备

1. 召开作业准备会，作业负责人布置检修任务，明确作业地点、时间、任务及相关人员分工。

2. 工具材料准备：通信联络工具、作业工具、测试仪表、零小材料等。

3. 穿戴防护用品。

（二）登记联系

1. 驻站联系人按照规定在《行车设备检查登记簿》内登记。现场作业人员通过驻站联系人得到车站值班员允许作业的命令后，方可进行作业。

2. 作业人员应与驻站联系人互试通信联系工具，确定作业地点、内容；作业中现场防护员将作业地点变动情况及时通知驻站联系人，并应定时与驻站联系人进行通信联络，确保通信畅通。

（三）检修设备

1. 外部检查：除按日常养护规定执行外，需检查以下内容。

（1）道岔安装水平方正：道岔安装水平符合维护技术标准。

（2）表示杆的销孔旷量应不大于 0.5 mm，摩擦面应油润干净。

*（3）安装装置应安装方正、平顺，可动部分在道岔转换过程中动作平稳、灵活，无别劲、卡阻现象。

2. 拉开遮断器，打开转辙机盖，对设备进行转辙机内部检查。

（1）机件安装牢固、完整，无异状、无裂纹，机内防水、防尘良好，无锈蚀，铭牌齐全、正确，字迹清楚。接配线图、资料保存良好，与实物相符，无涂改。

（2）检查各部螺丝是否紧固。

（3）检查各部部件是否无裂纹，各种开口销是否完好，换向器有无断裂、烧损现象，摩擦带有无断裂和挤出现象，表示二极管是否外观良好、焊头良好，配线良好、整洁、无破皮及混线可能。

*（4）擦拭动、静接点，检查动静接点安装是否牢固，接点片安装应无歪斜，自动开闭器动接点在静接点片内的接触深度不少于 4 mm，用手扳动动接点，其摆动量不大于 3.5 mm；动接点与静接点座间隙不小于 3 mm，接点接触压力不小于 4.0 N；速动爪的滚轮在转动中应在速动片上滚动，落下后不得与启动片缺口底部相碰。速动片的轴向窜动应保证速动爪滚轮与滑面的接触不小于 2 mm；转辙机在转动中速动片不得提前转动。

（5）锁闭圆弧无明显磨耗，用大螺丝刀紧固挤切销压盖。

*（6）检查摩擦带与内齿轮伸出部分是否清洁无油污，调整弹簧各圈间隙不小于 1.5 mm。

*（7）挡栓不旷动，移位器顶杆与触头间隙为 1.5 mm 时，接点不应该断开。

（8）遮断器通断灵活，打入深度适当，接触良好。

*（9）动作杆在圆孔套的旷量不大于 1 mm。

3. 道岔电缆盒（箱）内部检查。

（1）各部元器件安装牢固，防震性能好。

（2）配线及电缆芯线无磨卡、无破皮，端子无松动线头无断股，焊头牢固螺母垫片齐全。

（3）接、配线图清晰正确，端子及电缆走向铭牌标记清晰齐全。

（4）电缆不下沉。

（5）清扫灰尘和杂物。盒（箱）内整洁，无杂物；封堵绝缘胶无龟裂，无废孔。

（6）盘根作用良好，盒（箱）防尘防潮良好。

4. 机械调整、测试。

（1）密贴调整：道岔密贴良好、无反弹，扳动平顺

（2）缺口调整符合相关标准要求。

（3）完成规定的测试项目及内容。

5. 试验：检修完毕后进行道岔扳动试验，道岔转动中观察、试验道岔。

（1）注意听有无过大噪声，并检查换向器有无过大火花。

（2）试验 4 mm 不锁闭，2 mm 锁闭；J 型试验 6 mm 不锁闭。

（3）完成规定的测试项目及内容。

6. 进行转换试验，道岔转换过程中，动作平稳、灵活，转换时无明显反弹，密贴，无别卡、无异响，缺口良好。

7. 作业人员发现设备缺陷应立即修复，若当时不能解决的应逐级汇报，及时进行处理。

（四）复查试验

对调整过的设备进行复查试验。

（五）销记

检修作业完毕，作业人员检查无材料、工具遗漏，人员全部下道后由作业负责人向驻站联系人汇报，驻站联系人员方可办理销记并交付使用。

七、作业点评

作业完毕，作业负责人组织召开小结会，作业人员汇报任务完成情况和设备质量情况，作业负责人填写《工作日志》，将日常养护发现且未能修复的问题纳入待修记录。

八、附录

附录

（规范性附录）

ZD6 转辙机主要技术特性

型　号	额定电压（DC）/V	额定转换力/N	动作杆动程/mm	表示杆动程/mm	转换时间/s	工作电流/A
ZD6-D165/350	160	3 430	165^{+2}_{0}	135～185	≤5.5	≤2.0
ZD6-E190/600	160	5 884	190^{+2}_{0}	140～190	≤9	≤2.0
ZD6-F130/450	160	4 410	130^{+2}_{0}	80～130	≤6.5	≤2.0
ZD6-G165/600	160	5 884	165^{+2}_{0}	135～185	≤9	≤2.0
ZD6-J165/600	160	5 884	165^{+2}_{0}	50～130	≤9	≤2.0

第3章 液压道岔转换设备检修作业标准

一、主题内容及适用范围

1. 本作业指导意见规定了液压道岔转换设备检修作业的程序、项目、内容及相关标准。
2. 本作业指导意见适用于神朔线液压道岔转换设备检修工作。
3. 带"*"号项目为关键项目。

二、规范性引用文件

下列文件中的条款通过本标准的引用而成为本标准的条款，凡是注有日期的引用文件，其随后所有的修改（不包括勘误的内容）或修订版本均不适用于本标准，然而，鼓励根据本标准达成协议的各方研究是否可适用这些文件的最新版本。凡是不注日期的引用文件，其最新版本适用于本标准。

《普速铁路信号维护规则》（技术标准）

三、作业目的

检查设备运用状况，发现隐患并修复设备缺陷，确保运用质量符合技术标准。

四、风险预控

1. 作业前预想：联系、登记、检修准备、防护措施是否妥当，对作业中的危险源充分辨识和认知并制定管控措施。
2. 作业中预想：有无漏检漏修和只检不修及造成妨碍的可能，作业过程中险源辨管控措施执行是否到位。
3. 作业后预想：检和修是否彻底，复查试验是否良好，加封加锁、销记手续是否完备。
4. 开盖检修转辙机内部必须断开安全接点。
5. 摇动或扳动道岔时，身体的各个部位严禁侵入尖轨与基本轨之间，严禁用手指探入各种道岔销孔。
6. 多动道岔扳动试验时，首先确认关联道岔上无人作业。
7. 非天窗点上道保养液压道岔，车站和现场必须设好防护。

五、作业流程图

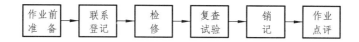

六、检修作业程序、项目、内容及相关标准

（一）作业前准备

1. 召开作业准备会，作业负责人布置检修任务，明确作业地点、时间、任务及相关人员分工。

2. 工具材料准备：通信联络工具、作业工具、测试仪表、零小材料等。

3. 穿戴防护用品。

（二）登记联系

1. 驻站联系人按照规定在《行车设备检查登记簿》内登记。现场作业人员通过驻站联系人得到车站值班员允许作业的命令后，方可进行作业。

2. 作业前作业人员应与驻站联系人互试通信联络工具，确定作业地点、内容；作业中现场防护员将作业地点变动情况及时通知驻站联系人，并应定时与驻站联系人进行通信联络，确保通信畅通。

（三）检修设备

1. 外部检查：除按日常养护规定执行外，还需要检查以下内容。

（1）道岔安装水平方正：道岔安装水平符合维护技术标准。

（2）表示杆的销孔旷量应小于或等于 0.5 mm，其余部位的销孔旷量应小于或等于 1 mm，摩擦面应油润干净。

*（3）外锁闭装置及安装装置应安装方正、平顺，可动部分在道岔转换过程中动作平稳、灵活，无别劲、卡阻现象。

（4）各牵引点和密贴检查部位的尖轨斥离位置与基本轨间动程和外锁闭装置的锁闭量定、反位两侧应均等，其不均等偏差应不大于 2 mm。

2. 转辙机内部检修。

（1）检查电机螺丝及油箱顶盖螺丝是否紧固，检查油路板各部是否紧固。

（2）检查油箱是否密封不漏油，检查溢流阀是否紧固、油管连接螺丝是否紧固，检查密封垫是否良好，保证不漏油；紧固电机与联轴器螺丝。

（3）检查联轴器是否良好、无异状。

（4）检查回油管固定螺丝处是否漏油、检查安全接点、紧固端子螺丝并擦拭检查接点，保证接触良好，检查端子螺丝是否无松动、线头紧固、螺母不压套管。

*（5）抽出油尺检查油量，油量应在上下刻度线范围内。

（6）检查内部开口销是否齐全良好。

（7）清扫擦拭内部。

3. 转辙机内部检查（主机）。

（1）检查紧固各部安全螺丝，紧固油管连接螺丝。

（2）检查自动开闭器接点座螺丝。

（3）检查自动开闭器上线头端子是否紧固、螺母是否压套管。

（4）检查油路接头是否密封良好不漏油。

（5）检查油缸动作时是否平稳，无抖动、无漏油。

（6）检查手动阀扳动是否灵活、密封良好，无漏油，作用有效。

*（7）检查擦拭接点片、接点簧，并检查接触深度。

*（8）检查启动片上滚轮在动作板上是否滚动灵活，落下后不得与动作板相碰，与动作板余斜面应有 0.5 mm 以上的间隙。当滚轮在动作板上滚动时，启动片尖离开速动片上平面的间隙应在（0.8±0.5）mm。

（9）清扫转机内部并注油。

4. 转换锁闭器（副机）内部检查。

（1）检查确认挤脱装置开口销良好，防松标记无变化。

（2）其他检查方法同转辙机内部。

5. 电缆盒内部检查清扫。

6. 测量溢流电流和溢流压力。

7. 外锁闭装置静态检查：

（1）检查道岔尖轨密贴的状况和心轨密贴的状况，要求密贴良好，锁闭力适当，锁闭深度符合标准。

*（2）测量斥离轨开口符合相关技术标准。

*（3）检查钢枕状况良好，无爬行，尖端铁与钢枕不封连。

（4）对道岔钢枕绝缘进行一次测试，并对所有安装装置进行一次测试。

（5）紧固锁铁、连接铁和各部螺丝。

（6）各部机件检查，确认磨耗情况不超标，各部杆件无磨卡、无锈蚀、无裂纹。

（7）对外锁闭设备进行全面清扫、除垢，保持润滑不锈和动作灵活。

8. 外锁闭装置扳动检查。

（1）道岔扳动的密贴检查，检查确认反位密贴情况符合标准。

*（2）测试斥离轨的开口，重点是定、反位的开口应均等。

*（3）检查外锁闭设备两侧的锁闭量是否符合标准，要求定、反位锁闭量一致，偏差不大于 2 mm。

*（4）检查外锁闭板的限位铁，限位铁与钢轨部的间隙为 1～3 mm，对于尖轨弯股加装外限位铁，在执行计表时也要进行检查。

（5）对外锁道岔密贴、锁闭量和道岔开口进行调整。

（6）尖轨与心轨第一锁闭杆处的尖轨与基本轨、心轨与翼轨间有 4 mm 及以上间隙时，道岔不能锁闭。

（7）在尖轨第一、第二牵引点间任意一处，尖轨与基本轨之间插入 10 mm 厚、20 mm 宽的铁板，不得接通密贴检查器或转辙机内的表示接点。

9. 完成规定的测试项目及内容。

10. 合上机盖及盒（箱）盖，并加锁。

11. 盖好防尘罩，加好防掀装置。

（四）复查试验

对调整过的设备进行复查试验。

（五）销记

检修作业完毕，作业人员检查材料工具有无遗漏，人员及作业机具全部下道后由作业负责人向驻站联系人汇报，驻站联系人员方可办理销记并交付使用。

七、作业点评

作业完毕，作业负责人组织召开小结会，作业人员汇报任务完成情况和设备质量情况，作业负责人填写《工作日志》，将日常养护发现且未能修复的问题纳入待修记录。

八、附录

附录 A

（规范性附录）

ZYJ7 转辙机参数表

型 号	电源电压（AC 三相）/V	额定转换力/kN	动程/mm	工作电流/A	动作时间/s	单线电阻/Ω	最大溢流压力/MPa
ZYJ7	380	2.5	220±2	≤2.0	≤5.5	≤54	14

附录 B

（规范性附录）

SH6 转辙机参数表

型号	额定转换力/kN	动程/mm
SH6	2.5	200±2

第4章　站内轨道电路检修作业标准

一、主题内容及适用范围

1. 本标准规定了站内 25 Hz 相敏、高压脉冲轨道电路检修作业的程序、项目、内容及相关标准。

2. 本标准适用于神朔线站内 25 Hz 相敏、高压脉冲轨道电路设备检修工作。

3. 带"*"号项目为关键项目。

二、规范性引用文件

下列文件中的条款通过本标准的引用而成为本标准的条款，凡是注有日期的引用文件，其随后所有的修改（不包括勘误的内容）或修订版本均不适用于本标准，然而，鼓励根据本标准达成协议的各方研究是否可适用这些文件的最新版本。凡是不注日期的引用文件，其最新版本适用于本标准。

《普速铁路信号维护规则》（技术标准）

三、作业目的

检查设备运用状况，发现隐患并修复设备缺陷，确保运用质量符合技术标准。

四、风险预控

1. 作业前预想：联系、登记、检修准备、防护措施是否妥当，对作业中的危险源充分辨识和认知并制定管控措施。

2. 作业中预想：有无漏检漏修和只检不修及造成妨碍的可能，作业过程中险源辨管控措施执行是否到位。

3. 作业后预想：检和修是否彻底，复查试验是否良好，加锁、销记手续是否完备。

五、作业流程图

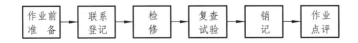

六、检修作业程序、项目、内容及标准

（一）作业前准备

1. 召开作业准备会，作业负责人布置检修任务，明确作业地点、时间、任务及相关人员分工。
2. 工具材料准备：通信联络工具、作业工具、测试仪表、零小材料等。
3. 穿戴防护用品。

（二）登记联系

1. 驻站联系人按照规定在《行车设备检查登记簿》内登记。现场作业人员通过驻站联系人得到车站值班员允许作业的命令后，方可进行作业。
2. 作业前作业人员应与驻站联系人互试通信联络工具，确定作业地点、内容；作业中现场防护员将作业地点变动情况及时通知驻站联系人，并应定时与驻站联系人进行通信联络，确保通信畅通。

（三）检修标准

1. 箱盒检修。
（1）外部检查。
① 检查确认箱盒基础完整，不倾斜，不超限，符号（号码）清晰。
② 箱盒无裂纹、无破损，加锁装置良好完整，活动部分适当注油。
③ 基础完好不倾斜，硬面化清洁，无杂草或异物。
④ 对箱盒、信号锁进行擦拭、注油。
（2）内部检修。
*① 箱盒密封良好，内部油饰良好。
*② 配线整齐，无破皮，无老化，无断股，线头无松动，防松标记良好，端子编号铭牌清晰，螺母垫片齐全紧固。
③ 引入孔绝缘胶无龟裂，无废孔。
④ 箱内变压器、隔离盒、限流电阻、防雷元件（齐全、有效）等固定良好，无过热现象，各种器材用途铭牌齐全清楚。
⑤ 液压断路器安装牢固，容量符合标准。
⑥ 电缆去向铭牌齐全清楚，接线图、配线图清晰正确。
⑦ 箱盒内部清洁，无异物。
*⑧ 检查防雷元件是否出现劣化指示、外观不良的现象。
2. 引接线、跳线及接续线检修。
*（1）箱盒引接线固定良好，无混电可能，引接螺栓不松动，绝缘管垫完好。

*（2）跳线长度适当，固定良好，过轨长跳线卡钉不得钉在工务铁垫板下，穿过钢轨处距轨底应不小于 30 mm，不得埋于石砟中，并无与金属体短路的可能，过轨卡子固定良好无破损。

（3）钢轨接续线不脱焊、无单断，双接续线应绑扎，线条密贴钢轨接头夹板，保持平、紧、直。

（4）引接线及跳线断股不超过 1/5，否则应更换。

（5）检查确认各类防护线无破皮、无膨胀变形。

（6）引接线、跳线及接续线塞钉打入深度至少与轨腰平，露出不超过 5 mm，塞钉无肥边、封头良好；对缺油的钢轨接续线涂油，对于使用的免维护轨道连接线，检查绝缘胶皮无破损，发现问题及时处理。

（7）等电位线安装、紧固良好（防松措施采用双母紧固），断股（包括脱扣）不超标。

3. 轨道绝缘检修。

*（1）钢轨绝缘（槽型、轨端、管垫）良好无破损，工务轨端无肥边，钢轨接头夹板螺栓外观无松动，道钉（包括扣件、弹簧）不碰钢轨接头夹板，无短路、混电可能。

*（2）道岔连接杆、安装装置、尖端杆绝缘、轨距杆绝缘等绝缘良好，外观无破损，并进行相应的测试，绝缘电阻满足规定要求。

4. 完成规定的测试项目及内容。

（1）轨道电路在调整状态时，轨道继电器轨道线圈上的有效电压不小于 15 V，且不得大于调整表规定的最大值。

（2）用 0.06 Ω 标准分路电阻线在轨道电路送、受电端轨面上分路时，轨道继电器（含一送多受的其中一个分支的轨道继电器）端电压，97 型应不大于 7.4 V。用 0.15 Ω 标准分路电阻线在轨道电路送、受电端轨面上分路时，轨道接收端电压高压脉冲型头部应不大于 13.5 V，尾部不大于 10 V。

5. 作业人员发现设备缺陷立即修复，若当时不能解决的应逐级汇报，及时组织处理。

（四）复查

1. 确认加锁良好，活动部分保持油润。
2. 检修作业完毕，确认设备无异常。

（五）销记

检修作业完毕，作业现场清理干净，相关人员、机具下道后由作业负责人向驻站联系人汇报，驻站联系人员方可办理销记并交付使用。

七、作业点评

作业完毕，作业负责人组织召开小结会，作业人员汇报任务完成情况和设备质量情况，作业负责人填写《工作日志》，将检修发现且未能修复的问题纳入待修记录。

第5章　ZPW-2000A 轨道电路检修作业标准

一、主题内容及适用范围

1. 本作业指导意见规定了区间 ZPW—2000A 轨道电路检修作业的程序、项目、内容及相关标准。

2. 本作业指导意见适用于神朔线区间 ZPW—2000A 轨道电路检修工作。

3. 带"*"号项目为关键项目。

二、规范性引用文件

下列文件中的条款通过本标准的引用而成为本标准的条款,凡是注有日期的引用文件,其随后所有的修改(不包括勘误的内容)或修订版本均不适用于本标准,然而,鼓励根据本标准达成协议的各方研究是否可适用这些文件的最新版本。凡是不注日期的引用文件,其最新版本适用于本标准。

《普速铁路信号维护规则》(技术标准)

三、作业目的

检查设备运用状况,发现隐患并修复设备缺陷,确保运用质量符合技术标准。

四、风险预控

1. 作业前预想:联系、登记、检修准备、防护措施是否妥当,对作业中的危险源充分辨识和认知并制定管控措施。

2. 作业中预想:有无漏检漏修和只检不修及造成妨碍的可能,作业过程中险源辨管控措施执行是否到位。

3. 作业后预想:检和修是否彻底,复查试验是否良好,加锁、销记手续是否完备,作业现场是否清理整洁。

五、作业流程图

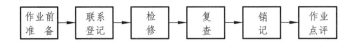

六、检修作业程序、项目、内容及相关标准

（一）作业前准备

1. 召开作业准备会，作业负责人布置检修任务，明确作业地点、时间、任务及相关人员分工。
2. 工具材料准备：通信联络工具、作业工具、测试仪表、零小材料等。
3. 穿戴防护用品。

（二）登记联系

1. 驻站联系人按照规定在《行车设备检查登记簿》内登记。现场作业人员通过驻站联系人得到车站值班员允许作业的命令后，方可进行作业。
2. 作业前作业人员应与驻站联系人互试通信联络工具，确定作业地点、内容；作业中现场防护员将作业地点变动情况及时通知驻站联系人，并应定时与驻站联系人进行通信联络，确保通信畅通。

（三）检修设备

1. 外部检查。
（1）检查确认防护罩、空芯线圈基础完好无倾斜，防护盒无裂纹和破损，加锁良好。
（2）防护盒无锈蚀，油饰良好。
（3）设备符号（号码）清晰正确，硬面化完好清洁。
＊（4）检查周围电缆有无外露，外界对轨道电路有无干扰，发现问题及时处理。
＊（5）检查确认钢包铜线等阻线完好，各类防护线无破皮、无膨胀变形，固定良好，防混措施良好，对缺油的钢轨引接线涂油，不得埋于土或石砟中，过轨卡子固定良好无破损。
＊（6）检查机械绝缘节及绝缘轨距杆外观是否良好。
（7）检查确认补偿电容安装和固定良好，电容引接线外皮无破损，补偿电容防护罩完整无破损，电容卡具良好、编号清晰，容量符合标准。
＊（8）检查确认禁停标志牌外观良好，标志杆无倾斜、无裂纹，标志牌外观整洁，字迹清晰。
＊（9）对加装接续线和跳线的机械绝缘处，需检查轨道连接线是否完好。
（10）对防护盒、空扼流变压器、信号锁进行擦拭、注油。

2. 调谐区防护盒内部检修。

（1）调谐单元、匹配变压器、空芯线圈固定良好，配线整齐，无破皮，无老化，无断股，螺母垫片齐全紧固，箱盒内电缆去向铭牌齐全清楚，配线表、原理图清晰正确，引入孔绝缘胶无龟裂，无废孔。

（2）地线齐全，与贯通地线接触良好，接地电阻不大于 1 Ω。

（3）匹配变压器与调谐单元的连线采用 7.4 mm^2 的铜缆，线头两端采用 ϕ6 mm 的铜端头冷压连接，无松动；是否电气绝缘节处长度分别为 250 mm、500 mm，机械绝缘节处长度均为 2 700 mm，并用软管防护。

（4）检查防雷单元是否良好。

3. 钢包铜线及辅助线检修。

（1）钢包铜线及辅助线固定良好，本侧与过轨侧引接线应分开固定，无混电可能；固定引接线的水泥枕与轨枕面平齐，引接螺栓无松动，轨道引接线防护胶管无破损，防混良好（特别是在调谐单元基础托架轨道引接线引入孔处）。

（2）钢包铜线、塞钉连接线与钢轨紧密接触、连接良好。

（3）塞钉与钢轨接触良好。

＊（4）铜端头平面侧朝轨腰并与塞钉紧密固定，塞钉两端为防松铜螺帽；钢轨两侧的铜端头应朝向一致且与轨面水平，在离塞钉 15 cm 左右引接线用卡具固定且向下弯曲，并与水平呈 45°～60°；机械绝缘节处的塞钉为加长塞钉，两铜端头应背靠背安装或顺向（两铜端头离开一定角度）。

（5）引接线采用专用轨枕卡具或在枕木上钻孔用卡具固定，靠轨枕侧，走线平直，距轨底大于 30 mm，满足大机捣固"无障碍"的要求。

（6）外轨侧的两引接线应并行平直走线，用尼龙拉扣等间距绑扎，在钢包铜线引入防护盒的分支处用水泥方枕固定。

（7）平衡线安装、紧固良好（防松措施采用双母紧固），断股（包括脱扣）不超标。

（8）对使用的各部冷压端头进行牢固检查，无线头松动、脱落、断股等现象。

＊4. 机械绝缘节及绝缘轨距杆绝外观良好，测试绝缘电阻符合标准要求。

5. 空扼流检修：变压器固定良好，引线固定良好、不锈蚀。

6. 完成规定的测试项目及内容。

（1）轨道电路在调整状态时，"轨出 1"电压应不小于 240 mV，"轨出 2"电压应不小于 100 mV。

（2）轨道电路分路状态在最不利条件下，主轨道任意一点采用 0.15 Ω 标准分路路线分路时，"轨出 1"电压应不大于 140 mV。

（3）轨道电路分路状态在最不利条件下，在轨道电路任意一点用 0.15 Ω 标准分路线分路时，短路电流应符合要求：1 700 Hz 不小于 0.5 A；2 000 Hz 不小于 0.5 A；2 300 Hz 不小于 0.5 A；2 600 Hz 不小于 0.45 A。

7. 作业人员发现设备缺陷应立即修复，若当时不能解决的应逐级汇报，及时组织处理。

（四）复查

1. 确认加锁良好，活动部分保持油润。
2. 检修作业完毕，确认设备无异常。

（五）销记

检修作业完毕，作业人员检查无材料遗漏，人员及作业机具全部下道后由作业负责人向驻站联系人汇报，驻站联系人员方可办理销记并交付使用。

七、作业点评

作业完毕，作业负责人组织召开小结会，作业人员汇报任务完成情况和设备质量情况，作业负责人填写《工作日志》，将检修发现且未能修复的问题纳入待修记录

八、附录

附录 A

（规范性附录）

ZPW-2000A 轨道电路传输表

序号	道床电阻 /(Ω/km)	传输电缆长度 /km	轨道电路长度/m			
			1 700 Hz	2 000 Hz	2 300 Hz	2 600 Hz
1	0.6	10	850	800	800	800
2	0.8	10	1 050	1 050	1 050	1 050
3	1	10	1 500	1 500	1 500	1 460
4	1.2	10	1 750	1 600	1 650	1 600

附录 B

（规范性附录）

ZPW-2000A 轨道电路机车入口电流表

频 率/Hz	1 700	2 000	2 300	2 600
机车信号短路电流/A	≥0.5	≥0.5	≥0.5	≥0.45

第6章　电缆径路、电缆盒检修作业标准

一、主题内容及适用范围

1. 本作业指导意见规定了电缆径路、电缆盒检修作业的程序、项目、内容及相关标准。
2. 本作业指导意见适用于神朔线电缆径路及电缆盒检修工作。
3. 带"*"号项目为关键项目。

二、规范性引用文件

下列文件中的条款通过本标准的引用而成为本标准的条款，凡是注有日期的引用文件，其随后所有的修改（不包括勘误的内容）或修订版本均不适用于本标准，然而，鼓励根据本标准达成协议的各方研究是否可适用这些文件的最新版本。凡是不注日期的引用文件，其最新版本适用于本标准。

《普速铁路信号维护规则》（技术标准）

三、作业目的

检查设备运用状况，发现隐患并修复设备缺陷，确保运用质量符合技术标准。

四、风险预控

1. 作业前预想：联系、登记、检修准备、防护措施是否妥当，对作业中的危险源充分辨识和认知并制定管控措施。
2. 作业中预想：有无漏检漏修和只检不修及造成妨碍的可能，作业过程中险源辨管控措施执行是否到位。
3. 作业后预想：检和修是否彻底，复查试验是否良好，销记手续是否完备，作业现场是否清理整洁。

五、作业流程图

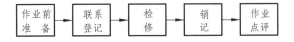

六、检修作业程序、项目、内容及相关标准

（一）作业前准备

1. 召开作业准备会，作业负责人布置检修任务，明确作业地点、时间、任务及相关人员分工。
2. 工具材料准备：通信联络工具、作业工具、测试仪表、零小材料等。
3. 穿戴防护用品。

（二）登记联系

1. 驻站联系人按照规定在《行车设备检查登记》内登记。现场作业人员通过驻站联系人得到车站值班员允许作业的命令后，方可进行作业。
2. 作业前作业人员应与驻站联系人互试通信联络工具，确定作业地点、内容；作业中现场防护员将作业地点变动情况及时通知驻站联系人，并应定时与驻站联系人进行通信联络，确保通信畅通。

（三）检修设备

1. 外部检查：同电缆盒、电缆径路日常养护作业指导意见。
2. 电缆箱盒内部检修。

（1）引入孔密封良好；通风孔通风良好；防尘、防水、防潮良好；引线孔有胶堵；灌胶防尘良好，表面光亮。

*（2）接线端子板无破损、安装牢固，端子线缆插接牢固，端子、螺帽无锈蚀，螺母垫片齐全、紧固，线头无松动，无伤痕。

（3）配线整齐，绑扎良好，起始端子等标记正确清晰。

（4）接、配线图齐全正确，电缆去向铭牌清楚正确；贯通线有明显标记。

（5）电缆引入孔绝缘胶不龟裂、无废孔

*（6）备用电缆按规定贯通，特性良好。

（7）盒（箱）盖盘根作用良好。

（8）箱盒内部清扫，保持整洁。

（9）箱盖锁扣和盒盖螺母良好，活动部分适当注油。

*（10）各电缆地线良好，引接端子紧固无松动。

3. 完成规定的测试项目及内容。
4. 合上箱盒盒盖，并加锁，活动部分适当注油。

（四）复查

1. 集中检修作业完毕，确认设备无异常。

2. 确认加锁良好，活动部分保持油润。

3. 作业人员发现异常立即向作业负责人汇报，修复设备缺陷。若当时未能解决及时通知车间，车间组织技术人员进行处理。

（五）销记

检修作业完毕，作业人员检查材料工具无遗漏，人员及作业机具全部下道后由作业负责人向驻站联系人汇报，驻站联系人员方可办理销记并交付使用。

七、作业点评

作业完毕，作业负责人组织召开小结会，作业人员汇报任务完成情况和设备质量情况，作业负责人填写《工作日志》，将检修发现且未能修复的问题纳入待修记录。

第7章　机车信号设备检修作业标准

一、主题内容及适用范围

1. 本作业指导意见规定了机车信号设备检修作业的程序、项目、内容及相关标准。
2. 本作业指导意见适用于神朔线机车信号设备检修作业。

二、规范性引用文件

下列文件中的条款通过本标准的引用而成为本标准的条款,凡是注有日期的引用文件,其随后所有的修改(不包括勘误的内容)或修订版本均不适用于本标准,然而,鼓励根据本标准达成协议的各方研究是否可适用这些文件的最新版本。凡是不注日期的引用文件,其最新版本适用于本标准。

《普速铁路信号维护规则》(技术标准)

三、作业目的

对设备进行检修维护,发现并修复设备缺陷及隐患,确保设备技术状态符合标准。

四、风险预控

1. 作业前预想:联系、登记、检修准备、防护措施是否妥当,确认机车按规定停稳,请机车司机采取可靠制动、采取加设止轮器等防溜措施,登乘机车防止摔伤。
2. 作业中预想:有无漏检漏修和只检不修及造成妨碍的可能,作业过程中上下机车必须确认机车处于停车位置。
3. 作业后预想:检和修是否彻底,复查试验是否良好,加封加锁、销记手续是否完备。

五、作业流程图

六、作业前准备

1. 召开作业准备会，作业负责人布置检查测试任务，明确作业地点、时间、任务及相关人员分工。

2. 工具、仪表、材料准备：包括通信工具、作业工具、设备钥匙、转储工具、照明工具、测试仪表、便携式发码器、零散小料、数据分析计算机等。

3. 作业前穿好工作服，携带安全防护用品，测试设备、工具性能良好，满足测试要求。

4. 得到配合司机的同意，电务检测人员将"防护红灯"或"防护红旗"挂在机车操纵方向司机室外壁明显位置，将"禁动红牌"挂在操纵端司机操纵手柄上，并与司机双确认。

七、作业项目、内容与测试标准

（一）整机

1. 外观干净整洁，表面无裂痕、无严重划痕，铭牌清晰，整机及各部件外观符合图纸及设计要求。

2. 面板、机箱底座安装螺钉紧固无松动。

3. 机箱门锁完好，安装紧固。

4. 助力把手完整、无破损、字符清楚、插装位置正确。紧固螺钉无锈蚀、松动。

5. 航空插头连接可靠、插装到位、无破损。

6. 航空插头插针无弯曲、退针情况。

7. 机箱内无污垢及杂物。导轨无变形、松动。

8. 接地符合安装要求。

9. 未连接设备时，线与屏蔽层之间、线与插头外壳之间，应不低于 25 MΩ。

10. 更换主机供电保险管。

（二）记录板

1. 面板及印刷电路板干净整洁。

2. 元器件及印刷电路板连线无高温变色、无烧损、开路、短路等现象。电容、电源模块无漏液、鼓包、开裂等情况。

3. 处理模块同底板插接可靠，无错位。固定扎带牢固可靠。

4. 插座上的插针无弯曲、断针、退针情况。

5. 上电后，面板指示灯正常。

6. U 盘转储数据过程正常。

7. 时钟芯片时间准确。

8. 主机板工作、切换状态记录正常。

9. 灯位、SD 等级信息、JY 信息、ZS 信息、上下行信息、司机室信息（I、II 端）等信息记录正常。

10. 载频、低频、幅度、主机代码等信息记录正常。

11. TAX 箱信息记录正常。

12. 供电电源高压、低压判定记录正常。

（三）主机板

1. 面板及印刷电路板干净整洁。

2. 元器件及印刷电路板连线无高温变色、无烧损、开路、短路等现象。电容、电源模块无漏液、鼓包、开裂等情况。

3. CPU 芯片同底板插接可靠，无错位。

4. 插座上的插针无弯曲、断针、退针情况。

5. 上电完成后，面板指示灯正常。

6. 设置线设置正确。

7. 测试灯位、SD、JY、ZS 等信息输出正常。

8. 利用测试台测试灵敏度及返还系数，测试结果符合要求，输出正常。

9. 利用测试台测试 ZS 转换、应变时间，测试结果符合要求，输出正常。

10. 利用测试台测试无码切机功能，测试结果符合要求，输出正常。

11. 常规巡检 1 h。

（四）连接板

1. 面板及印刷电路板干净整洁。

2. 元器件及印刷电路板连线无高温变色、无烧损、开路、短路等现象。电容无漏液、鼓包、开裂等情况。

3. 插座上的插针无弯曲、断针、退针情况。

4. 上电后，面板指示灯显示正常。

5. 上下行指示灯显示与实际一致。

6. A、B 机按钮切换主机功能正常。

7. I、II 端切换功能正常。

8. 测试主备机切换时间不大于 0.5 s。

9. 更换保险管。

（五）电源板

1. 面板及印刷电路板干净整洁。

2. 印刷电路板连线及元器件无高温变色、无烧损、开路、短路等现象。电源模块、电容无漏液、鼓包、开裂等情况。

3. 插座上的插针无弯曲、断针、退针情况。

4. 上电后，面板指示灯显示正常。

5. 测试电源模块的输出电压值，符合（48±2.4）V 的标准。

6. "测试/运行"开关功能测试正常。

（六）机车信号机

1. 外观干净整洁，表面无裂痕、无严重划痕，铭牌清晰，整机及各部件外观符合图纸及设计要求。

2. 信号机底板安装螺钉紧固无松动。

3. 信号机门锁安装紧固。

4. 航空插头连接可靠、插装到位、无破损。

5. 航空插头插针无弯曲、退针情况。

6. 各灯罩完好紧固。

7. 机箱内无污垢及杂物。

8. 内部印刷电路板干净整洁。

9. 印刷电路板上连线及元器件无高温变色、无烧损、开路、短路等现象。

10. 进行色灯发码测试，八显示灯的双面 16 个 LED 灯指示正确。不能出现不亮、错亮、多灯等错误现象。

11. 进行载频开关测试，信号机"上下行"指示灯显示正确。

12. 进行"操作端"测试，操作端对应操作显示正确。

13. "ZS"灯显示正确。

（七）双路接收线圈

1. 接收线圈安装牢固。

2. 接收线圈外观无裂纹、防水良好。

3. 在平直良好轨道的条件下，调整线圈底部距轨面距离在（155±5）mm 范围内。

4. 在平直良好轨道的条件下，接收线圈水平中心正对钢轨中心，偏差不得超过 ±5 mm。

5. 在平直良好轨道的条件下，同一端两接收线圈距轨面高度差小于 5 mm。

6. 电缆绑扎良好、外观无破损。

7. 测试接收线圈同名端连接关系正确，安装方式、方向正确。

8. 测试单个接收线圈的每路电感应不小于 60 mH；直流电阻应不大于 8 Ω。

9. 更换接收线圈胶皮护套及线缆防护管。

10. 更换接收线圈（本条针对高寒地区，视具体情况应用）。

（八）接线盒

1. 接线盒安装牢固。

2. 接线盒外观无裂纹、插接件无破损、防水良好。

3. 端子螺丝无松动，配线良好。

4. 接线盒插头配线无误。

（九）电缆（整套）

1. 电缆外观良好，护套无破损。
2. 电缆走向平整，绑扎牢固。
3. 插头连接可靠、插装到位、无破损。
4. 插头插针无弯曲、退针情况。
5. 未连接设备时，线与屏蔽层之间、线与插头外壳之间、屏蔽层与插头外壳之间绝缘电阻应不低于 25 MΩ。

（十）远程监测模块（可选）

1. 远程监测模块安装稳固，螺丝无松动。天线及连接线连接可靠，插装到位。
2. 排线完好，插排无损坏，插针插头无弯曲、退针情况。
3. 安装位置正确，位于司机室 1 端信号机内。
4. 上电后指示灯显示正确。
5. 通过远程监测客户端软件查看远程传输数据正确。

八、作业点评

作业完毕，作业负责人组织召开小结会，作业人员汇报任务完成情况和设备质量情况，作业负责人填写《工作日志》，将检修发现且未能修复的问题纳入待修记录。

第8章 轨道车运行控制设备（GYK）作业标准

一、主题内容及适用范围

1. 本作业指导意见规定了轨道车运行控制设备（GYK）检测作业的程序、项目、内容及相关标准。

2. 本作业指导意见适用于神朔线轨道车运行控制设备（GYK）检测作业。

二、规范性引用文件

下列文件中的条款通过本标准的引用而成为本标准的条款，凡是注有日期的引用文件，其随后所有的修改（不包括勘误的内容）或修订版本均不适用于本标准，然而，鼓励根据本标准达成协议的各方研究是否可适用这些文件的最新版本。凡是不注日期的引用文件，其最新版本适用于本标准。

《普速铁路信号维护规则》（技术标准）

三、作业目的

检查设备运用状况，发现隐患并修复设备缺陷，确保运用质量符合技术标准。

四、风险预控

1. 作业前预想：联系、登记、检修准备、防护措施是否妥当，确认轨道车按规定停稳，请轨道车司机采取可靠制动、采取加设止轮器等防溜措施，防止登乘轨道车摔伤。

2. 作业中预想：有无漏检漏修和只检不修及造成妨碍的可能，作业过程中上下轨道车必须确认轨道车处于停车位置。

3. 作业后预想：检和修是否彻底，复查试验是否良好，加封加锁、销记手续是否完备。

五、作业流程图

六、作业程序、项目、内容及相关标准

（一）作业前准备

1. 作业负责人明确作业范围和要求，联系运用单位，确定轨道车的停放地点、停放时间、作业内容，布置作业任务安排作业人员。

2. 准备工具、仪表：通信联络工具、作业工具、设备钥匙、照明工具、测试仪表、便携式发码器、GYK 转储器、零小材料、数据分析计算机等。

3. 作业前穿好工作服及携带安全防护用品，测试设备、工具性能良好，满足测试要求。

（二）询访司机

1. 轨道车按规定停稳在固定停放地点，得到配合司机的同意，电务检测人员将"防护红灯或防护旗"挂在轨道车操纵方向司机室外壁明显位置，将"禁动红牌"挂在操纵端司机操纵手柄上，并与司机双确认。

2. 询访轨道车司机，查阅和回收上一次检测的"GYK 检测合格证"，了解 GYK 设备使用情况，如果设备不正常，需向司机详细询问设备故障现象，下载相关数据并进行分析，并做好记录，同时按照故障应急处理作业要求逐级汇报，对反映的情况进行检查、试验和处理，确保设备良好运用。

（三）车下检查

1. 检查机车信号接收线圈、接线盒及连线：安装牢固，外观完整，无裂纹、无损伤。紧固件齐全、无松动。开口销齐全，安装符合标准。设备连接电缆固定绑扎良好，无破损、绝缘护套完整防护措施良好。设备防尘、防水措施良好，外观清洁。

2. 检查速度传感器及连线：外观无破损、安装牢固，螺栓、平垫、弹簧垫齐全，检查连接插头、插座及线缆有无破损，接插件无松动虚接；防水处理部位无损坏；检查各连线布线是否合理，线缆无破损、绝缘护套无老化断裂等现象，绑扎牢固。

3. 检查压力传感器连线：检查连接插头、插座及线有无破损，接插件无松动虚接；防水处理部位无损坏；检查各连线布线是否合理，线缆无破，绝缘护套无老化断裂等现象，绑扎牢固。

4. 检查紧急、常用放风阀，保压阀连线：线缆无破损、绝缘护套无老化断裂等现象，绑扎牢固，接插件无松动虚接；防水处理部位无损坏。

（四）输入工号

从操纵端上车，在操纵端 GYK 显示器上输入规定工号，建立检测记录文件。

（五）车上检查

1. 检查 GYK 主机：核对主机履历，主机上各板件的指示灯是否正常，检查设备外观、安装固定状况，清洁表面及安装位置周围环境；机箱内不得有油污及杂物；检查电源开关动作、故障切换开关是否可靠；检查主机电源保险管型号、规格是否符合要求，紧固状态是否良好；清洁各插件面板，检查各插件紧固状态，各插件捏手完整；清洁各插头、插座，检查连接插头、插座及线缆外观，安装正确紧固；各连线布线是否合理，外观是否完整，捆扎是否整齐、牢固。

2. 检查 Ⅰ、Ⅱ端 DMI 显示器及机车信号机：核对显示器履历，检查外观是否无破损，安装是否紧固；清洁机壳表面及安装位置周围环境；清洁各插头、插座，检查连接插头、插座及线缆外观，安装紧固；各连线布线合理，捆扎牢固。

3. 检查电气线路及安装支架：检查、清扫司机室等处 GYK 系统设备与轨道电气线路接线端子；检查确认接线端子与导线连接处接线无断股，紧固无松动。

（六）车上检测

1. 检测 Ⅰ、Ⅱ端 DMI 显示器"设备状态"中主机各插件状态，显示器状态、数据版本等是否正确。

2. 检查检修参数的设定值：车型、车号、机车轮径，速度传感器安装位置等应符合实际情况。

3. 检查 GYK 设备日期、时间，误差不超过 90 s。

4. DMI 显示器功能试验：DMI 显示器面膜无破损、利用"键盘检测"功能检查各按键，应按键灵活、响应正确、背光功能正常；根据状况决定是否更换显示器面膜或显示器。屏幕亮度调节应正常，屏幕各显示区显示清晰、正确；喇叭音量调节应正常，语音提示清晰、正确；列车管压力及轨道车工况显示应正确。

5. 紧急、警惕按钮：安装牢固，功能检测试验按键灵活、作用良好。

6. 信号发码试验。

（1）利用"信号自检"功能，检查信号机显示是否正常。

（2）使用便携式发码设备对 Ⅰ、Ⅱ端各进行一次完整的机车信号灯位循环试验，包括：机车信号机上下行、Ⅰ、Ⅱ端；检查确认机车信号机与 DMI 显示器显示一致，速度等级相符，无闪灯、掉灯或多灯，语音提示正常。（机车前后行转换由轨道车使用单位配合人员完成。）

7. 机车工况检测：观察显示器上工况显示，"向前/向后"显示应与司控器手柄位置一致。（机车前后行驶转换由轨道车使用单位配合人员完成。）

8. 压力检测：列车管压力显示值应与相应风压表指示值一致，误差不超标。

9. 制动检测：由轨道车司机配合操作制动机完成。

（1）常用制动检测。

① 总风缸风压打到 600 kPa 以上，直接制动器（小闸）手柄处于制动位，制动控制器（大闸）手柄处于运转（缓解）位，此时观察列车管风压应到 500 kPa，同时制动缸风压应为 0。

② 鸣笛并呼唤应答："常用制动！"，呼唤确认。

③ 选择"常用自检"：直接制动器（小闸）手柄处于制动位，制动控制器（大闸）手柄处于"运转"位，列车管压力达到定压。

④ 选择"常用自检"，语音提示"常用制动"两遍，屏幕显示"常用自检"，状态栏"常用"灯点亮，GYK 输出常用制动，关闭列车管进风，用制动阀排风，按规定时间列车管减压至额定值［减压量标准（120±20）kPa］；保压 60 s 检查泄露量小于 10 kPa。按【缓解】键，语音提示"缓解成功"，列车管进风打开，观察列车管风压应上升到 500 kPa，同时制动缸风压应降为 0。

（2）紧急制动检测。

① 风缸风压打到 600 kPa 以上，直接制动器（小闸）手柄处于制动位，制动控制器（大闸）手柄处于运转（缓解）位，此时观察列车车管风压应到 500 kPa，同时制动缸风压应为 0。

② 呼唤应答："紧急制动！"，呼唤确认。

③ 选择"紧急自检"，按【确认】键，语音提示"紧急制动"两遍，屏幕显示"紧急自检"，状态栏"紧急、熄火"灯点亮。GYK 输出紧急制动，发动机熄火，关闭列车管进风，紧急制动排风，按规定时间列车管压力迅速降为 0。按【缓解】键，语音提示"缓解成功"，放风阀关关，列车管进风打开，观察列车管风压应上升到 500 kPa，同时制动风压应降为 0。

10. 语音录音试验：通过无线列调电台按标准用语呼叫（"×月×日××轨道车录音测试"呼叫 2 遍），操作显示器回放正常。

11. 换端试验：另一端：重复车上检测项目（轨道车司机配合转换Ⅰ、Ⅱ端）。

（七）转储分析记录数据

专用转储器转储检测记录数据文件，转储运行记录数据文件不少于 3 个月，分析记录数据文件无故障报警记录，检测记录数据文件应完整正确，无缺项、无漏项。

（八）填写检测记录、签发合格证

1. 认真填写检测记录及各类规定台账。

2. 检测完毕，签发"合格证"，经轨道车 GYK 检测配合人员签字确认。同时收回旧合格证贴到原合格证的副页上，对无旧证的，在签发的合格证副页记事栏上写明情况，由轨道车司机签名确认。

3. 作业完毕后收回"禁动红牌""防护红灯或防护旗"，并与司机双确认。

七、作业点评

作业完毕，作业负责人组织召开小结会，作业人员汇报任务完成情况和设备质量情况，作业负责人填写《工作日志》，将检修发现且未能修复的问题纳入待修记录。

第9章 ZD6型电动转辙机入所修作业标准

一、主题内容及适用范围

1. 本标准规定了 ZD6 型电动转辙机入所检修作业的检修准备、安全注意事项、检修作业程序与内容。

2. 本标准适用于神朔铁路管内 ZD6 型电动转辙机入所检修作业。

3. 本标准第七条中（八）项的内容在实际入所修中可能不会涉及，但本标准为实施标准化作业，提供科学的实施细则考虑而保留此条目。

二、规范性引用文件

下列文件中的条款通过本标准的引用而成为本标准的条款。凡是注有日期的引用文件，其随后所有的修改（不包括勘误的内容）或修订版本均不适用于本标准。然而，鼓励根据本标准达成协议的各方研究是否可以使用这些文件的最新版本。凡是不注日期的引用文件，其最新版本适用于本标准。

《普速铁路信号维护规则》（技术标准）

三、作业目的

对入所的转辙机进行拆除、修理、组装等作业，发现并修复设备缺陷及隐患，确保设备技术状态符合标准。

四、风险预控

1. 防止触电、机具伤害。
2. 防止起重伤害。
3. 防止油润滑倒。
4. 防止物体打击。
5. 防止易燃物品引起火灾事故。

五、作业流程图

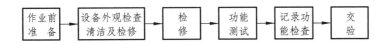

六、入所修作业程序、项目、内容、技术标准及方法

（一）作业前准备

1. 召开作业准备会，作业负责人布置检查测试任务。
2. 专用工具、活络扳手、套筒扳手、螺丝刀、毛刷等。
3. 电机、减速器、开闭器、齿条块等。

（二）入所初检

1. 锁闭圆弧及削尖齿的磨耗≤0.3 mm 棱角磨耗半径≤1.5 mm。
2. 起动齿在齿条块缺槽中央两侧间隙为（2±1）mm。
3. 起动片与速动片间隙 0.5～2 mm。
4. 起动片与内齿轮端面间隙≥0.5 mm。
5. 解锁时速动爪与速动片间隙 0.2～0.8 mm。
6. 速动爪落下后与速动片缺口间隙≥1 mm。
7. 手动试验表示杆推或拉表示杆移动 5.7～8 mm。

（三）底壳、机盖进线板、堵孔板、遮断器及暗锁检修

1. 底壳内壁平整，外壁无毛刺，丝扣良好。
2. 机盖内盘根槽焊接平顺，四角无缝。
3. 机盖平整、无锈蚀。
4. 油漆应均匀、完整，不得有皱纹、脱皮现象。
5. 遮断器接点片和接点环光洁。
6. 暗锁完整无损伤，弹簧作用良好。

（四）减速器

1. 检查滚棒压紧、垂直不松动。
2. 检查轴承无破裂、锈蚀、卡阻、过量旷动等缺陷。
3. 行星齿轮平整无异状、配合不松动。

4. 夹板轴顶丝作用良好。

5. 涂油脂组装组装时涂航空油脂填充量约为全部容量 1/3；内齿轮与减速壳两者间隙 ≤0.5 mm。

6. 涂油脂组装。

7. 轴承不得松动，无外力轴承不能自由落下，挡圈作用良好。

8. 行星齿轮两片呈 180°。

9. 输入轴输出轴的轴向窜动 ≤1.5 mm。

10. 注油孔 M6 螺栓长为 16～2 mm。

11. 更换摩擦带及安装夹板用（4.5±0.5）mm×30 mm 金属或带金属丝的摩擦带。固定牢固，固定螺钉应下沉 1～1.5 mm。摩擦带与其接触面 ≥4/5。

12. 测试空载电流 ≤0.8 A。

13. 摩擦电流按类型调标，两侧偏差及单边波动 ≤0.3 A。

14. 摩擦弹簧调整后，相邻圈最小间隙 ≥1.5 mm。

15. 弹簧及弹簧支撑垫大圆台不得与夹板接触。

（五）自动开闭器

1. 分解、检查。

（1）外观无裂纹、丝扣良好。

（2）拐轴角度为 48°±12′。

（3）检查柱与其圆孔间隙 ≤0.5 mm。

（4）滚轮内外圆同心，内圆光洁度 V6。

（5）连动轴平直无弯曲。

（6）动接点环灵活、光洁，挡环作用良好。

2. 组装涂油

（1）滚轮轴与速动爪垂直、铆接牢固、滚轮灵活。

（2）速动爪轴安装牢固，顶丝作用良好。

（3）拉簧的弹力适当，作用良好，保证动接点迅速转接，并带动检查柱上升和下落。

（4）挡销板作用良好。

（六）动作杆齿条块

1. 动作杆无裂纹外伤，销孔光洁。

2. 齿条块顶杆动作灵活，顶杆应低于齿条块上平面 0.1～1 mm（F 形不得高于齿条块上平面 1 mm）。

3. 顶杆上升高度≥2.5 mm。

4. 柱尾螺钉作用良好。

5. 主副挤切销应能分别顺利放入动作杆的圆形和扁圆形挤切孔内。

6. 齿条块削尖齿圆弧半径为（39 + 0.05）mm，棱角磨耗半径≤1.5 mm。

（七）主轴

1. 锁闭齿轮圆弧半径为 39 ~ 0.05 mm，棱角磨耗半径≤1.5 mm。

2. 轴承无破裂、锈蚀、卡阻、过量旷动等缺陷，涂适量润滑脂。

（八）移位接触器

1. 外罩无裂纹，接点片无硬伤，不变形，接点光洁。

2. 移位接触器触头行程：（0.7 ± 0.1）mm。

3. 接点压力≥0.49 N（新产品≥0.7 N）。

4. 加装复位按钮作用良好，不得引起接点弹片变形。

5. 紧固螺丝，点防松标记。

（九）表示杆

1. 块缺口：（22 + 0.14）mm。

2. 表示杆高度≥33.7 mm。

3. 检查块上平面应低于表示杆上平面 0.2 ~ 0.8 mm。

4. 块动作灵活（带辅助锁 闭销除外）。

5. 调整螺栓及螺母作用良好。

6. 主副表示杆应密贴、平直、无弯曲变形，两杆间隙应≤0.3 mm，销钉不高于表示杆平面。

七、组装成机

（一）安装遮断器及暗锁

1. 静插头架安装牢固，安全接点接触良好，接触深度≥4 mm；在开盖或插入手摇把时，接点环与两接点片应同时断开且断开距离≥2.5 mm，非经人工恢复不应接通电路。安全接点旷动＜2 mm，各接点片压力均匀，接触压力≥4.9 N。

2. 暗锁安装牢固，作用良好。

3. 堵孔板及封孔盖（塞）封闭严密，防水、防尘良好。

（二）安装动作杆、齿条块

1. 动作杆与齿条块相对的 轴向错移量和圆周方向的转动量均≤0.3 mm。
2. 齿条块与底壳原则上要求不悬空，圆孔套安装后，齿条块与底壳间隙≤0.3 mm。
3. 圆孔套旷量≤0.5 mm。
4. 挤切销和连接销应符合要求：ZD6-D/F/G/J 挤切销 3 t，连接销 5 t；ZD6-E 连接销 5 t、9 t。

（三）安装主轴

1. 锁闭齿轮圆弧与齿条块两削尖齿同时接触最大间隙≤0.05 mm。
2. 锁闭齿轮启动齿在齿条块缺槽的中间，单边最小间隙 为 1 mm。
3. 锁闭齿轮在主轴上的纵向窜动量≤0.5 mm。

（四）安装移位接触器

1. 齿条块顶杆与移位接触器触头对正，轴线偏差≤1.5 mm。
2. 移位接触器触头与齿条块顶杆间隙为 1.5 mm。
3. 移位接触器接点可靠断开并不得自复。

（五）安装减速器

1. 内齿轮端面与起动片之间隙应≥0.5 mm。
2. 摩擦带与内齿轮伸出部分应保持清洁，不得锈蚀或粘油。

（六）安装自动开闭器

1. 动接点在静接点内的接触深度≥4 mm，接触深度两侧相差≤1.5 mm，动接点与静接点座间隙≥3 mm。
2. 速动爪落下前，动接点在静接点内串动时，必须保证接触深度≥2 mm。
3. 动接点环不得低于静接点片，同时静接点片下边不应与动接点绝缘体接触，速动爪落下前，动接点在静接点内窜动时，应保证接点接触深度不少于 2 mm。
4. 动接点打入静接点后，用手扳动动接点，其旷动量≤3 mm。转动过程中，速动爪滚轮在速动片上滚动时，动接点在静接点内的摆动量≤1 mm。
5. 动接点与静接点沿进入方向中分线偏差≤0.5 mm
6. 各接点片压力均匀，接触压力≥4.9 N。
7. 绝缘座安装牢固完整无裂纹，动接点无松动，静接点需长短一致，相互对称，接点片不弯曲、不扭斜，辅助片作用良好。

8. 速动爪滚轮在转动中应在速动片上顺利滚动，落下后不得与启动片相碰。速动爪落下后，与速动片缺口间隙≥1 mm，解锁时应为 0.2～0.8 mm。

9. 速动爪滚轮与速动片的接触应≥2.5 mm，速动片不得提前转动。

10. 速动片与启动片之间的间隙应为 0.5～2 mm。

（七）安装表示杆

1. 表示杆与方孔套旷量≤0.5 mm。

表示杆在外力推动下，应能将动接点退出静接点组，退出量应超过动接点全摆动角度的 1/2，但不得与对方接点接触。

2. 表示杆移动 5.7～8 mm（推或拉，在检查柱与检查块每侧间隙为 1.5 mm 条件下），动接点应退出静接点组，切断表示电路。

3. 检查柱落入检查块缺口后两侧间隙总和最小 3 mm，最大 3.28 mm。

4. 移位标记清晰、准确。

（八）安装配线

1. 配线安装校验：插座胶木无裂纹；插片无氧化，弹片作用良好；焊接牢固，无断股；配线正确。

2. 采用 7 mm×0.52 mm 胶质线，绕线环。

3. 焊接时禁止使用腐蚀性焊剂。

4. 机内配线使用上插座。

（九）转动试验

1. 机械传动动作灵活，转动无过大噪声。

2. 直流电机火花≤1.5 级（轻微火花）。

（十）检修记录卡片

认真填写记录、字迹工整。

八、作业点评

作业完毕，作业负责人组织召开小结会，作业人员汇报任务完成情况和设备质量情况，作业负责人填写《工作日志》，将未能修复的问题纳入待修记录。

九、附录

附录

（规范性附录）

电动转辙机技术参数

项 目	内 容	技 术 标 准	方 法	备 注
电气特性指标	额定电压	直流 160 V		
	转换力	ZD6-D/H：3430 N	综合测试台测试	
		ZD6-E/J/G：5884 N		
	额定电流	ZD6-D/H/E/J/G：≤2 A	在额定电压、额定负载条件下测试	
	转换时间	ZD6-D/H：≤5.5 S		
		ZD6-E/J/G：≤9 S		
	空载电流	≤0.8 A	松开摩擦带紧固螺栓，在输出轴不旋转条件下，测试转辙机空载电流	
	摩擦电流	1. ZD6-D/H/G 型转辙机单机使用时摩擦电流为 2.3~2.9 A 2. ZD6-E/J 型转辙机双机配套使用时，单机摩擦电流为 2.0~2.5 A 3. 摩擦电流两边偏差及单边波动≤0.3 A		
	绝缘电阻	≥20 MΩ	用 500 V 兆欧表测试	

第10章　车站智能型电源屏电源屏检修作业标准

一、主题内容及适用范围

1. 本标准规定了车站智能型电源屏设备检修作业的检修准备、风险预控、检修作业标准与内容。

2. 本标准适用于神朔铁路分公司管内车站智能型电源屏设备的现场检修作业。

二、规范性引用文件

下列文件中的条款通过本标准的引用而成为本标准的条款，凡是注有日期的引用文件，其随后所有的修改（不包括勘误的内容）或修订版本均不适用于本标准，然而，鼓励根据本标准达成协议的各方研究是否可适用这些文件的最新版本。凡是不注日期的引用文件，其最新版本适用于本标准。

《普速铁路信号维护规则》（技术标准）

三、作业目的

检查设备运用状况，发现隐患并修复设备缺陷，确保运用质量符合技术标准。

四、风险预控

1. 带电检修车站智能电源屏时，注意自身防护，检修带电部分时，应穿绝缘靴站在绝缘垫上，戴绝缘手套，使用绝缘良好的工具，防止短路或触电。

2. 信号配合人员按规定做好排路、接近、临线来车"三通告"。

3. 禁止断开交流互感器二次侧，防止高压损伤。

4. 断电检修时，专人负责拉闸；检修完毕，应确认无人接触带电部分方可合闸。

5. 不应随意修改智能监控系统内的"告警参数设置"。

6. 模块更换应按照说明书的要求进行，不得随意更改地址码，要求冷插拔的不得带电热插拔。

五、作业流程图

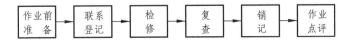

作业前准备 → 联系登记 → 检修 → 复查 → 销记 → 作业点评

六、检修作业程序、项目、内容及标准

（一）作业前准备

1. 召开作业准备会，作业负责人布置检修任务，明确作业地点、时间、任务及相关人员分工。

2. 工具材料准备：150 mm 活络扳手、25 mm 毛刷（用黑胶布将铁皮包上）、75 mm 一字螺丝刀、75 mm 十字螺丝刀、通信工具、吸尘器、4 mm/5 mm/6 mm 套筒扳手、尖嘴钳、克丝钳、万科端子插锥。

3. 万用表（推荐适用移频表）、接地电阻测试仪、兆欧表。

4. 材料：白市布。

（二）登记联系

1. 驻站联系人按照规定在《行车设备检查登记簿》内登记。现场作业人员通过驻站联系人得到车站值班员允许作业的命令后，方可进行作业。

2. 作业前作业人员应与驻站联系人互试通信联络工具，确定作业地点、内容；作业中现场防护员将作业地点变动情况及时通知驻站联系人，并应定时与驻站联系人进行通信联络，确保通信畅通。

（三）检查及清扫

1. 电源屏内外部检查及清扫。

2. 检查确认设备无异味，无不正常噪声，无报警。

3. 检查屏面各种指示灯及仪表状态是否良好，指示是否正确。

4. 用毛刷清洁电源屏内各部，确保无灰尘、杂物。

5. 用白市布对电源屏外部擦拭干净。

6. 清扫电源屏走线沟槽。

（四）检修标准

1. 配线与端子连接良好，配线无破皮，端子紧固，无混电可能。

2. 各种插接件、配线插接牢固。

3. 各种模块、器材、原件无异状，无过热，无过大噪声。

4. 接触器、继电器动作灵活。

5. 断路器灵活不卡阻，不发热，容量符合设计图标准。

6. 防雷组件不发热发黑，劣化指示窗口正常。

7. 指示灯、仪表、风扇、显示屏工作正常。

8. 手柄按钮、表示灯作用良好，节点不发热，无烧损。

9. 防鼠设施良好。

10. 安全地线与外壳连接良好。

11. 门开关、各种手柄操作灵活。

12. 配合更换屏内器材，校核仪表。

（五）测试

1. Ⅰ、Ⅱ路交流输入电压、电流，测试两路电源相序一致。
2. PZ 系列铁路智能电源屏各种电源输出电压、电流见附录。
3. 各种输出电源对地绝缘良好。
4. 测试地线，符合《普速铁路信号维护规则》（技术标准）中 13.2 的要求。

（六）试验

1. 试验及注意事项按照相应智能电源屏的适用说明书进行。
2. 两路电源手动切换试验，转换时间不大于 0.15 s。
3. 主备模块手动切换试验，转换时间不大于 0.15 s。
4. 电源屏旁路、直供功能试验。
5. 电源屏相序错误报警试验。
6. 检查智能监控系统功能。
7. 智能监控系统监测数据与检修人员人工测量一致。
8. 分别断开各断路器，试验监控系统是否报警，应无漏报、误报。
9. 过欠压调整精度是否适当。
10. 智能监控系统的时钟应与行车室的时钟一致，对准确性进行校核。
11. 智能监控系统功能完整，无漏项。

七、复查

检修作业完毕，确认设备无异常。

八、销记

检修作业完毕，作业人员检查无材料遗漏，作业负责人向驻站联系人汇报，驻站联系人员方可办理销记并交付使用。

九、作业点评

作业完毕，作业负责人组织召开小结会，作业人员汇报任务完成情况和设备质量情况，作业负责人填写《工作日志》，将检修发现且未能修复的问题纳入待修记录。

十、附录

附录

（规范性附录）

PZ 型智能电源屏输出电源种类及技术指标

序号	模块名称	额定输出参数	负载类型	输出电压允许范围	绝缘电阻(DC 500 V)	备注
1	DHXD-A1	AC 220 V/5 A	信号点灯、稳压备用、电码化等	AC 220 V ± 10 V	≥25 MΩ	
	DHXD-A2	AC 220 V/5 A	50 Hz 轨道电路	AC 220 V ± 10 V	≥25 MΩ	
	DHXD-A3	AC 220 V/10 A	微机电源	AC 220 V ± 10 V	≥25 MΩ	只在计算机联锁电源系统出现
2	DHXD-B1	AC 220 V/2 A	道岔表示	AC 220 V ± 10 V	≥25 MΩ	只在电气集中电源系统出现
		AC 220 V/2 A	稳压备用	AC 220 V ± 10 V	≥25 MΩ	
		AC 24 V/20 A	表示灯	AC 24 V ± 3 V	≥25 MΩ	
		AC 24 V/2 A	闪光灯	AC 24 V ± 3 V	≥25 MΩ	
	DHXD-B3	AC 24 V/50 A	表示灯	AC 24 V ± 3 V	≥25 MΩ	
		AC 24 V/5 A	闪光灯	AC 24 V ± 3 V	≥25 MΩ	
3	DHXD-C	AC 220 V/1 200 VA	25 Hz 轨道电路	AC 220 V ± 6.6 V, 25 Hz ± 0.5 Hz	≥25 MΩ	输出相位差:局部电源超前轨道电源90°
		AC 110 V/800 VA	25 Hz 局部电路	AC 110 V ± 3.3 V, 25 Hz ± 0.6 Hz	≥25 MΩ	
4	DHXD-D1	DC 220 V/16 A	直流转辙机	DC 220 V ± 1.1 V	≥25 MΩ	
	DHXD-D2	AC 380 V/15 kVA	交流转辙机	电网电压	≥25 MΩ	三相四线制
5	DHXD-E	DC 24 V/20 A	继电器	DC 24 V ± 0.48 V	≥25 MΩ	
		DC 24~60 V/2 A	半自动闭塞1或站间继电器电源	DC（24~60 V）± 0.6 V	≥25 MΩ	
		DC 24~60 V/2 A	半自动闭塞2或站间条件电源	DC（24~60 V）± 0.6 V	≥25 MΩ	
		DC 24~60 V/2 A	半自动闭塞3	DC（24~60 V）± 0.6 V	≥25 MΩ	
6	DHXD-F1	AC 220 V/2 A	道岔表示	AC 220 V ± 10 V	≥25 MΩ	用于 10 kVA 计算机联锁电源
		AC 220 V/2 A	稳压备用	AC 220 V ± 10 V	≥25 MΩ	
		AC 220 V/1 A	电码化电源	AC 220 V ± 10 V	≥25 MΩ	
	DHXD-F2	DC 24~60 V/2 A	站内继电器电源	DC（24~60 V）± 0.6 V	≥25 MΩ	
		DC 24~60 V/2 A	站间条件电源	DC（24~60 V）± 0.6 V	≥25 MΩ	
7	DHXD-G1	DC 48 V/50 A	区间闭塞电源	DC 48 V ± 1 V	≥25 MΩ	
	DHXD-G2	DC 24 V/50 A		DC 24 V ± 0.6 V	≥25 MΩ	
8	DHXD-H	AC 220 V/6.5 A		AC 220 V ± 10 V	≥25 MΩ	

42

第11章　车站计算机联锁系统巡检作业标准

一、主题内容及适用范围

1. 本标准规定了计算机联锁系统巡检作业的巡检准备、风险预控、巡检作业标准及内容。

2. 本标准适用于神朔铁路分公司管内计算机联锁设备的现场巡检作业。

二、规范性引用文件

下列文件中的条款通过本标准的引用而成为本标准的条款，凡是注有日期的引用文件，其随后所有的修改（不包括勘误的内容）或修订版本均不适用于本标准，然而，鼓励根据本标准达成协议的各方研究是否可适用这些文件的最新版本。凡是不注日期的引用文件，其最新版本适用于本标准。

《普速铁路信号维护规则》（技术标准）

三、作业目的

检查设备运用状况，发现隐患并克服设备缺点，确保运用质量符合技术标准。

四、风险预控

1. 信号配合人员按规定做好排路、接近、临线来车"三通告"。

2. 接触或者更换板、卡时须戴防静电手环。

3. 严禁带电热拔插设备。

五、作业流程图

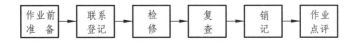

作业前准备 → 联系登记 → 检修 → 复查 → 销记 → 作业点评

六、检修作业程序、项目、内容及标准

（一）作业前准备

1. 召开作业准备会，作业负责人布置检修任务，明确作业地点、时间、任务及相关人员分工。

2. 工具准备：25 mm 毛刷（用黑胶布将铁皮包上）、75 mm 一字螺丝刀、75 mm 十字螺丝刀、通信工具、吸尘器、静电手环、尖嘴钳、克丝钳、万科端子插锥。

3. 计量工具：万用表、接地电阻测试仪。

4. 材料：白市布。

（二）登记联系

1. 驻站联系人按照规定在《行车设备检查登记簿》内登记。现场作业人员通过驻站联系人得到车站值班员允许作业的命令后，方可进行作业。

2. 作业前作业人员应与驻站联系人互试通信联络工具，确定作业地点、内容；作业中现场防护员将作业地点变动情况及时通知驻站联系人，并应定时与驻站联系人进行通信联络，确保通信畅通。

（三）内外部检查及清扫

1. 查看报警信息，对报警信息进行回放和分析。
2. 查看电务维护机网络拓扑图，确认各设备工作正常。
3. 查看电务维修机附属设备工作正常。
4. 运转室操纵、显示设备工作正常，接口插接良好。
5. 机柜上面各种电压、电流表显示数值正确。
6. 交换机、光电模块及各种板卡指示灯显示正常，无告警、无异常发热及噪声。
7. 电源面板、UPS 表示灯显示正常。
8. 继电器接点动作灵活，不发黑。
9. 检查仪表、风扇工作正常。
10. 工控机、UPS 防尘滤网检查清扫。
11. 联锁柜、综合柜内部清扫。

（四）计算机联锁设备检修标准

1. 对联锁机柜、操作表示机柜、接口机柜进行细密防尘防鼠整修。要求配线、电缆绑扎牢固，铭牌齐全，各端子螺丝紧固，插接器连接良好，铭牌齐全。

2. USB 口用易碎贴加封良好。

3. 板卡、模块、网络设备安装、插接牢固，防护措施良好。

4. 断路器灵活不卡阻，不发热，容量符合设计图标准。

5. 网线、光纤头的插接状态良好，光纤自然弯曲不打死弯。

6. 联锁机柜、接口架 32 芯插头连接牢固良好。

7. 防雷地线连接牢固，防鼠设施良好。

8. 安全地线与外壳连接良好。

9. 门开关、各种手柄操作灵活。

10. 时钟校核。

（五）测试

1. 输入、输出电压测试。

2. 计算机联锁系统内电源参数见附录 A 和附录 B。

3. 测试输入电源对地电压。

4. 测试地线，符合《普速铁路信号维护规则》（技术标准）中 13.2 的要求。

（六）试验

1. 联锁机倒机切换试验。

2. 上位机倒换试验，切换后，前台显示器、鼠标工作正常。

3. 采集板、驱动板备板倒换试验。

4. 备用鼠标线、视频线、音箱线、网线倒换试验。

5. UPS 充放电试验。

七、复查

检修作业完毕，确认设备无异常。

八、销记

检修作业完毕，作业人员检查无材料遗漏，作业负责人向驻站联系人汇报，驻站联系人员方可办理销记并交付使用。

九、作业点评

作业完毕，作业负责人组织召开小结会，作业人员汇报任务完成情况和设备质量情况，作业负责人填写《工作日志》，将检修发现且未能修复的问题纳入待修记录。

十、附录

附录 A

（规范性附录）

计算机联锁系统内电源参数

序号	电源名称	输入电压	输出电压	用途
1	FCX 电源板	AC 80～132 V	DC 5 V±0.15 V	计算机电源
2	FFC 电源板	AC 80～132 V	DC 5 V±0.15 V	F 总线控制器电源
3	IO 电源	AC 110 V±10 V	DC 24 V±2 V	采集驱动电源
4	交换机及光调制解调器电源	AC 220 V±6.6 V	DC 24 V±2 V	交换机及光调制解调器电源
5	UPS 电源	AC 176～253 V	AC 220 V±6.6 V	系统提供不间断电源

附录 B

（规范性附录）

计算机联锁系统内电源参数

序号	电源名称	输入电压	输出电压	用途
1	5 V	AC 220 V±6.6 V	DC 5 V±0.1 V	计算机电源
2	24 V	AC 220 V±6.6 V	DC 24 V±2 V	驱动电源
3	24 V	AC 220 V±6.6 V	DC 24 V±2 V	采集电源
4	UPS 2KVZ	AC 220^{+33}_{-44} V	AC 220 V±6.6 V	不间断供电

第 12 章　信号集中监测系统巡检作业标准

一、主题内容及适用范围

1. 本标准规定了信号集中监测系统准备、风险预控、检修作业程序与内容。
2. 本标准适用于神朔铁路分公司管内信号集中监测系统的工区、车间、段设备检修作业，针对性项目也可适用于道岔缺口监测设备巡检。

二、规范性引用文件

下列文件中的条款通过本标准的引用而成为本标准的条款，凡是注日期的引用文件，其随后所有的修改单（不包括勘误的内容）或修订版均不适用于本标准，然而，鼓励根据本标准达成协议的各方研究是否可适用这些文件的最新版本。凡是不注日期的引用文件，其最新版本适用于本标准。

《普速铁路信号维护规则》（技术标准）

三、作业目的

检查设备运用状况，发现隐患并修复设备缺陷，确保运用质量符合技术标准。

四、风险预控

1. 接触或者更换板卡时须戴防静电手环。
2. 严禁带电插拔设备。
3. 不得在雷雨天气时进行测试数据、遥测绝缘、检查防雷等作业。

五、作业流程图

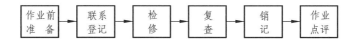

作业前准备 → 联系登记 → 检修 → 复查 → 销记 → 作业点评

六、检修作业程序、项目、内容及标准

（一）作业前准备

1. 召开作业准备会，作业负责人布置检修任务，明确作业地点、时间、任务及相关人员分工。

2. 工具准备：25 mm 毛刷、75 mm 一字螺丝刀、75 mm 十字螺丝刀、照明灯具、设备钥匙、尖嘴钳、扁嘴钳、网线钳、通信工具、静电手环、吸尘器。

3. 计量工具：网络测试仪、防雷元件测试仪、万用表。

4. 材料：白市布。

（二）登记联系

1. 作业人员取得信号工区配合人员同意后方可作业。

2. 作业前作业人员应与驻站联系人互试通信联络工具，确定作业地点、内容；作业中现场防护员将作业地点变动情况及时通知驻站联系人，并应定时与驻站联系人进行通信联络，确保通信畅通。

（三）检查及清扫

1. 检查机柜、工控机风扇运用状况。

2. 检查机柜总电源、采集机电源、通信板、采集板指示灯显示。

3. 检查工控机电源、硬盘指示灯显示。

4. 检查电源面板、UPS 表示灯显示。

5. 检查路由器电源、运行指示灯显示。

6. 检查路由器网络连接、2T 卡 SERIAL0/SERIAL1 指示灯显示。

7. 检查协议转换器电源、网络连接指示灯显示。

8. 检查视频放大器电源、工作指示灯显示。

9. 检查监测终端画面显示。

10. 检查数据存储不得少于 30 天。

11. 检查各种采集器、板卡工作情况。

12. 清扫微机监测综合柜内部。

（四）通信检测

1. CAN 网络转动图标转动正常。

2. CAN 网络通信连接正常。

3. 服务器通信正常。

4. 采集机通信正常。

（五）信号集中监测检修要求

1. 机柜总电源，工控机、显示器、交换机电源配线插接。
2. 采集机、采集板、通信板配线插接。
3. 路由器电源、协议转换器电源插头插接。
4. 协 2T 卡、网络传输线缆、2 M 同轴线插头、跳线、地址连接正常。
5. 网线、同轴电缆、光纤的插接状态，光纤自然弯曲不打死弯。
6. 各类采集模块、组匣、模拟量\开关量采集器插接。
7. 网线、Moxa 卡、CAN 卡等插接件连接牢固。
8. 鼠标、键盘线连接良好。
9. UPS 充放电试验良好，放电时间符合标准。
10. 机柜内部各种器材、板卡安装牢固，防脱措施作用良好。
11. 集中监测系统各项测试数据正常。
12. 电缆绝缘监测回线校核。
13. 计算机联锁时钟与集中监测时钟校核（不大于 30 s）。
14. 检查防雷连接良好，劣化指示窗口正常。
15. 检查防鼠设施良好。
16. 柜门、手柄闭合良好。

（六）测试分析

1. 输入电压测试。
2. 测试输入电源对地电压。
3. 测试地线，符合《普速铁路信号维护规则》（技术标准）中 13.2 的要求。
5. 对预警、报警信息进行分析并通知信号工区分析处理，上下限不合标准的进行调整。

七、复查

检修作业完毕，确认设备无异常。

八、销记

检修作业完毕，作业人员检查无材料遗漏，作业负责人向驻站联系人汇报，驻站联系人员方可办理销记并交付使用。

九、作业点评

作业完毕，作业负责人组织召开小结会，作业人员汇报任务完成情况和设备质量情况，作业负责人填写《工作日志》，将检修发现且未能修复的问题纳入待修记录。

十、附录

附录

（规范性附录）

信号集中监测系统测试参数

序号	内容	项目	监测内容	监测点	监测精度
1	电源监测	外电网综合质量监测	输入相电压、线电压、电流、频率、相位角、功率	配电箱（电务部门管理）闸刀外侧	电压±1%；电流±2%；频率±0.5 Hz；功率±1%
		电源屏监测	输入电压、电流；输出电压、电流；25 Hz 电源输出电压、频率、相位角	智能电源屏的输入输出端	电压±1%；电流±2%；频率±0.5 Hz；相位角±1%
2	轨道电路监测	25 Hz 相敏轨道电路监测	轨道接收端交流电压、相位角	轨道测试盘侧面端子或二元二位轨道继电器端、局部电压输入端、相敏轨道电路电子接收器端	电压±1%；相位角±1%
		高压不对称脉冲轨道电路监测	接收端波头、波尾有效值电压，峰值电压，电压波形	接收设备相应端子	±2%
3	转辙机监测	直流转辙机监测	道岔转换过程中转辙机动作电流、故障电流、动作时间、转换方向	动作回线	电流±3%；时间≤0.1 s
		交流转辙机监测	道岔转换过程中转辙机动作电流、功率、动作时间、转换方向	电压采样在断相保护器输入端，电流采样在断相保护器输出端	电流±3%；功率±1%；时间≤0.1 s
4	电缆绝缘监测		各种信号电缆回线全程对地绝缘；测试电压：DC 500 V	分线盘或电缆测试盘处	±10%
	电源对地漏泄电流监测		电源屏各种输出电源对地漏泄电流	电源屏输出端	±10%

序号	内容	项目	监测内容	监测点	监测精度
5	列车信号机点灯回路电流监测		列车信号机的灯丝继电器（DJ、2DJ）工作交流电流	信号点灯电路始端	±2%
	道岔表示电压监测		道岔表示交、直流电压	分线盘道岔表示线	±1%
6	集中式移频监测	站内电码化监测	站内发送器（盒、盘）功出电压、发送电流、载频及低频频率	发送器（盒、盘）功出端	电压±1%；电流±2%；载频频率±0.1 Hz；低频频率±0.1%
		ZPW-2000 无绝缘移频自动闭塞轨道电路监测	区间移频发送器发送电压、电流、载频、低频；区间移频接收器轨入（主轨、小轨）电压、轨出1和轨出2电压、载频、低频；区间移频电缆模拟网络电缆侧发送电压、接收电压、发送电流	发送器（盒、盘）功出端，接收器（盒、盘）输入端，接收衰耗器输入，模拟网络电缆侧。	电压±1%；电流±2%；载频频率±0.1 Hz；低频频率±0.1%
7	半自动闭塞监测		半自动闭塞线路直流电压、电流、硅整流输出电压	分线盘半自动闭塞外线、硅整流输出端	电压±1%；电流±1%
8	环境状态的模拟量监测	温度监测	信号机械室、电源屏室、机房环境温度	信号机械室、电源屏室、机房等处	±1 ℃
		湿度监测	信号机械室、电源屏室、机房环境湿度	信号机械室、电源屏室、机房等处	±3%RH
		空调电压、电流、功率监测	空调电压、电流、功率	信号机械室、电源屏室、机房等空调工作电源线	电压±1%；电流±2%；功率±2%
9	站（场）间联系电压监测		站（场）间联系电压、自闭方向电路电压、区间监督电压	分线盘	±1%

第 13 章　信号综合防雷设备检修作业标准

一、主题内容及适用范围

1. 本标准规定了信号综合防雷设备检修作业的准备、风险预控、检修标准与内容。
2. 本标准适用于神朔铁路分公司管内信号综合防雷设备检修作业。

二、规范性引用文件

下列文件中的条款通过本标准的引用而成为本标准的条款，凡是注有日期的引用文件，其随后所有的修改（不包括勘误的内容）或修订版本均不适用于本标准，然而，鼓励根据本标准达成协议的各方研究是否可适用这些文件的最新版本。凡是不注日期的引用文件，其最新版本适用于本标准。

《普速铁路信号维护规则》（技术标准）

三、作业目的

检查设备运用状况，发现隐患并修复设备缺陷，确保运用质量符合技术标准。

四、危险源辨识

1. 禁止打雷时接触设备。
2. 测试电缆绝缘时须断开防雷开关。
3. 禁止在打雷时进行检查地线、遥测绝缘等作业。
4. 检查电源防雷箱时小心触电。

五、作业流程图

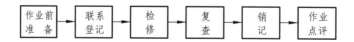

六、检修作业程序、项目、内容及标准

（一）作业前准备

1. 召开作业准备会，作业负责人布置检修任务，明确作业地点、时间、任务及相关人员分工。

2. 工具准备：150 mm 活络扳手、75 mm 一字螺丝刀、75 mm 十字螺丝刀、5 mm 和 6 mm 套筒扳手、专用插锥。

3. 计量工具：防雷元件测试仪（有放电管、压敏电阻站用）、地阻测试仪、测温仪。

4. 材料：白市布。

（二）登记联系

1. 现场作业人员通过信号工区配合人员同意后，方可进行作业。

2. 作业前作业人员应与驻站联系人互试通信联络工具，确定作业地点、内容；作业中现场防护员将作业地点变动情况及时通知驻站联系人，并应定时与驻站联系人进行通信联络，确保通信畅通。

（三）防雷设置与地线标准

1. 信号设备应设安全地线、屏蔽地线和防雷地线。

2. 并联型防雷设备端子不得借用于其他设备。

3. 防雷元器件的安装应牢固，标志清晰，并便于检查。

4. 避雷带、避雷网、引下线、避雷针无腐蚀及机械损伤，锈蚀部位不得超过截面积的三分之一。

5. 进出信号机械室的信号缆线与电力电缆平行敷设时不小于 600 mm，采用接地的金属线槽或钢管防护的，不小于 300 mm。

6. 综合接地装置接地电阻值不应大于 1 Ω，分散接地装置接地电阻见附录 A。

7. 信号机械室的建筑物应采用法拉第笼进行电磁屏蔽。

8. 贯通地线任一点的接地电阻不得大于 1 Ω。

9. 接地汇集线环形设置时不得构成闭合回路。

10. 电源防雷箱、分线盘处的接地汇接线应单独设置。

11. 接地汇集线与环形接地装置的连接线应采用 2 根不小于 25 mm² 的有绝缘外护套的多股铜线单点冗余连接。

12. 电源防雷箱处、分线盘处、引下线以及其余接地汇集线在环形接地装置上的连接点相互间距不应小于 5 m。

13. 室内接地线与其余各部连接处应采用铜端子和双铜螺帽，并设置防松标识线。

14. 每条电缆屏蔽地线单独连接并相互间不得绑扎。

15. 接地导线上严禁设置开关、熔断器或断路器；严禁用钢轨代替地线。

16. 隐蔽处施工应视频拍摄资料并备存。

17. 机械室和电缆间内不带电的自来水管、暖气管道等金属物体，都必须与环形接地装置等电位连接。

（四）检查

1. 检查避雷带、引下线、避雷网、避雷针设备完整，标桩齐全。

2. 检查室外箱盒内电缆金属护套和钢带满足分段单端接地。

3. 检查地线连接良好，无放电迹象，线径符合标准。

4. 各雷电防护浪涌保护器（SPD）插接、固定良好，无发热，无劣化指示。

5. 检查地线连接不能成环，采取"树状"方式连接。

6. 检查接地导线上无开关、刀闸、断路器等设施。

7. 检查紧固电缆引入处对钢铠、铝护套连接屏蔽地线。

（五）检修

1. 各部螺丝紧固，标识齐全。

2. 检查紧固电缆引入处对钢铠、铝护套连接屏蔽地线。

3. 补齐缺少的地线，整治不达标地线。

（六）测试

1. 试验防雷保安器声光报警、雷电计数器良好。

2. 测试 SPD 防雷元器件电气特性。

2. 测试地线接地电阻。

七、复查

检修作业完毕，确认设备无异常。

八、销记

检修作业完毕，作业人员检查无材料遗漏，作业负责人向驻站联系人汇报，驻站联系人员方可办理销记并交付使用。

九、作业点评

作业完毕，作业负责人组织召开小结会，作业人员汇报任务完成情况和设备质量情况，作业负责人填写《工作日志》，将检修发现且未能修复的问题纳入待修记录。

十、附录

附录 A

（规范性附录）

分散接地装置接地电阻值

序号	接地装置使用处所	土壤分类	黑土、泥炭土	黄土、砂质黏土	土加砂	砂土	土加石
		土壤电阻率/Ω·m	50 以下	50～100	101～300	301～500	501 以上
		设备引入加线数	接地装置接地电阻值小于/Ω				
1	防雷地线	—	10	10	10	20	20
2	安全地线	—	10	10	10	20	20
3	屏蔽地线	—	10	10	10	20	20
4	微电子计算机保护地线	—	4	4	4	4	4

附录 B

（规范性附录）

铁路信号设备浪涌保护器（SPD）技术指标测试偏差范围

序号	名　　称	标称导通电压容许偏差	直流放电电压容许偏差	压敏电压	25 Hz 相敏轨道电路电压相位角采集器
1	组合型 SPD	±20%			
2	放电管（分开测试）		±20%		
3	压敏电阻（分开测试）			±10%	
4	纯压敏电阻 SPD	±10%			
5	模拟和数字用 SPD	±10%			

第14章　JRJC型交流二元二位继电器入所检修作业标准

一、主题内容及适用范围

1. 本标准规定了 JRJC 交流二元二位型继电器入所检修作业的检修准备、安全注意事项、检修作业程序与内容。

2. 本标准适用于神朔铁路管内 JRJC-66/345 和 JRJC1-70/240 型交流二元二位继电器的入所检修作业。

二、规范性引用文件

下列文件中的条款通过本标准的引用而成为本标准的条款。凡是注有日期的引用文件，其随后所有的修改（不包括勘误的内容）或修订版本均不适用于本标准。然而，鼓励根据本标准达成协议的各方研究是否可以使用这些文件的最新版本。凡是不注日期的引用文件，其最新版本适用于本标准。

《普速铁路信号维护规则》（技术标准）

三、作业目的

检查设备运用状况，发现隐患并修复设备缺陷，确保运用质量符合技术标准。

四、风险预控

1. 作业前预想：检修准备、防护措施是否妥当。

2. 作业中预想：电气特性和机械特性符合标准，接点压力调整适当。

3. 作业后预想：检和修是否彻底，复查试验是否良好，加封、手续是否完备。

五、检修作业流程图

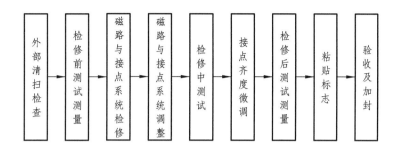

六、检修作业程序与内容

（一）作业前准备

1. 工具：调整钳（150 mm）、什锦锉、活络扳手（150 mm）、套筒扳手（4 mm、5 mm、6 mm）、封钩、螺丝刀、电烙铁（20 W）、镊子、调整架、毛刷等；塞规、测力计（0～0.5 N）。

2. 材料：白布带、金相砂纸、酒精、橡皮、封豆、焊锡。

3. 检测设备：交流二元二位继电器测试台。

（二）外部清扫检查

1. 清扫外部尘土和污垢。

2. 检查外罩无破损、变形、残缺，胶木底座无裂缝、变形，有问题的记入 JRJC 交流二元二位继电器检修卡（见附录 A 中表 A.1）中"备注"栏目。

3. 检查封印是否完整，对不完整的查明原因并做好记录。

（三）检修前测试

1. 确定理想相位角。

（1）接通电源，将局部线圈电压调至 110 V，轨道线圈电压调至 15 V，向一个方向转动"相位调节"旋钮，使动合接点断开。

（2）向反方向转动"相位调节"旋钮，使动合接点开始接触，记录此时的相位角 α_1。

（3）继续反方向转动"相位调节"旋钮，使动合接点再次断开。

（4）将"相位调节"旋钮向相反方向转动，使动合接点重新接触，记录此时的角度 α_2，则理想相位角 $\alpha = (\alpha_1 + \alpha_2)/2$。

2. 测试工作值。

将继电器调到理想相位角，局部线圈电压调到 110 V，调"轨道调节"旋钮，使轨道线圈电压由零逐渐增加，对于 JRJC-66/345、JRJC-70/240 型继电器的工作值为继电器翼板辅助夹开始接触上滚轮时的电压值；对于 JRJC-66/345、JRJC1-70/240 型继电器的工作值为继电器主轴止挡开始接触上止挡轮时的电压值。工作值的技术指标见表 14-1。

表 14-1　工作值技术指标

型　号		额定值		工作值	
		电压/V	电流/A	电压/V	电流/A
JRJC-66/345	局部线圈	110	≤0.08		
	轨道线圈			≤15	≤0.038
JRJC1-70/240	局部线圈	110	≤0.10		
	轨道线圈			≤15	≤0.040

3. 测试释放值。

将继电器调到理想相位角，局部线圈电压调到 110 V，逐渐降低轨道线圈电压，读取当继电器动合接点全部断开时的轨道线圈电压值。释放值的技术指标见表 14-2。

表 14-2　释放值技术指标

型　号		额定值		释放值
		电压/V	电流/A	电压/V
JRJC-66/345	局部线圈	110	≤0.08	
	轨道线圈			≥7.5
JRJC1-70/240	局部线圈	110	≤0.10	
	轨道线圈			≥8.6

4. 测试继电器的磁路平衡。

测试时，将局部线圈电压调至 220 V，频率选择为 50 Hz，测得的谐振电压应≤5 V。

5. 测试线圈电阻。

线圈电阻应单个测量，测得的电阻误差不超过标称值的 ±10%。线圈电阻测试的技术指标见表 14-3。

表 14-3　线圈电阻技术指标

型　号		标称值/Ω	释放值/Ω
JRJC-66/345	局部线圈	345	310.5～379.5
	轨道线圈	66	59.4～72.6
JRJC1-70/240	局部线圈	240	216～264
	轨道线圈	70	63～77

6. 测试接点电阻。

测试接点电阻时，继电器施加额定值，动作 2 次后再开始测量，共测 3 次，取其数据的最大值。其技术指标为：JRJC-66/345 银-银氧化镉应≤0.05 Ω；JRJC1-70/240 银-银氧化镉应≤0.1 Ω。

7. 测试绝缘电阻。

继电器和插座的绝缘电阻应≥100 MΩ。

8. 测量接点压力。

启封，打开外罩。测量 JRJC-66/345 型的动合接点、动断接点压力均≥0.15 N，JRJC1-70/240 型动合接点压力≥0.25 N，动断接点压力≥0.2 N。

9. 记录。

将检修前测试测量结果记入表 A.1。

（四）磁路于接点系统检修

1. 检查线圈。

（1）线圈架无破损、裂纹。

（2）线圈应安装牢固，无较大的旷动，线圈无短路、断线及发霉等现象。

（3）线圈引线及焊片应焊接牢固，无断股，焊片无裂纹，连接线圈的引线片正确。

2. 检查磁路。

（1）检查铁心无锈蚀、叠片整齐、安装端正，与翼板座垂直呈 90°，铁心板面与翼板面平行，上下左右对称。

（2）检查翼板与铁心板的间隙，翼板在任何位置时，翼板与铁心极面的间隙应≥0.35 mm；两侧均对称，翼板在其内活动无卡阻。

（3）检查两磁极面的间隙，JRJC-66/345 型继电器应≥2 mm；JRJC1-70/240 型继电器应为 2.2 mm±0.1 mm。

3. 检查可动系统。

（1）翼板不变形，表面清洁光滑，没有伤痕。

（2）翼板安装的位置距周围固定部分结构零件的间隙≥1.5 mm。

（3）轴与轴套应紧固。

（4）轴的游程应为：轴向 0.05～0.1 mm；径向 0.03～0.15 mm。

（5）滚轮应无磨损。

4. 擦拭接点。

（1）用橡皮擦去接点各部的氧化物，使其表面清洁平整，接点片、拖片应明亮有光泽。

（2）用金相砂纸擦去接点面烧损痕迹，对于烧损严重的应予以更换。

5. 检查接点插片及底座内部。

（1）卸下底座，检查接点插片间应无污物。

（2）接点组及各部位螺丝牢固。

（3）各单元及底部胶木无裂痕、破损。

（4）清扫接点插片、底座，插片应光洁无污物。

（5）调整插片平直且排列均匀。

6. 检查接点系统。

（1）接点及托片无伤痕、硬弯，镀层良好。

（2）接点触头无裂纹、虚焊、漏焊且不活动。

（3）银接点应位于动接点的中间，偏离中心时，接触处距动接点边缘≥1 mm，银接点伸出动接点外≥1.2 mm。

（4）装好底座，紧固底座螺丝，插片伸出底座≥8 mm。

（5）通电检查继电器整体动作灵活、不呆滞。

（五）磁路及接点系统调整

1. 调整接点片及托片平直，无弯曲、扭曲。

2. 调整接点压力均匀。

3. 调整接点间隙均匀。

4. 调整接点齐度，继电器的接点应同时接触或同时断开，其齐度误差≤0.2 mm。

5. 继电器调整动作灵活、无噪声、无异常。

6. 接点系统机械特性技术指标见表 14-4。

表 14-4　接点系统机械特性技术指标

类　型	托片间隙 /mm	接点压力/N		接点间隙/mm	翼板轴游程/mm	
		动合	动断		轴向	径向
JRJC-66/345	≥0.2	≥0.15	≥0.15	≥2.5	0.05～0.1	0.03～0.15
JRJC1-70/240	≥0.35	≥0.25	≥0.2	≥1.8	0.05～0.1	0.03～0.15

（六）检修中测试

测试理想相位角、工作值、释放值、磁路平衡、线圈电阻、接点电阻、绝缘电阻应符合第六条（三）项的要求，当测试数据不合格时（参见《铁路信号维护规则》交流二元继电器电气特性的相关标准），应查明原因并处理。

（七）接点齐度微调

检查接点组的齐度误差，不合格的进行微调。

（八）检修后测试

测试理想相位角、工作值、释放值、磁路平衡、线圈电阻、接点电阻、绝缘电阻应符合《普速铁路信号维护规则》（技术标准）6.2.1～6.2.7 的要求，测量动合接点、动断接点压力，符合《普速铁路信号维护规则》（技术标准）6.2.8 的要求，并将测量结果记入表 A.1。

（九）粘贴标志

擦拭外罩，实行条码管理进行粘贴，使其可追溯。

七、验收及加封

1. 验收实行目验、工长验、验收员验三级验收制度，各级验收应按《普速铁路信号维护规则》（技术标准）中"继电器"部分的技术标准执行。

2. 检修者应对机械特性、电气特性及时间特性进行自验。

3. 工长按验收范围进行验收，确认合格后在表 A.1 的"验收 1"栏内加盖印章。

4. 验收员按验收范围进行验收，确认后在表 A.1 的"验收 2"栏内加盖印章。

5. 验收合格后的继电器，由检修者上罩，外罩应清洁明亮、封闭良好，继电器的所有可动部分和导电部分不论在任何情况下，不能与外罩相碰，然后由检修者加封，封印应完整。

八、记录

JRJC 交流二元二位型继电器检修作业活动应记录在"JRJC 交流二元二位型继电器检修卡片"（见表 A.1）和"检修小票"（见表 A.2）上。表 A.1 随器材交验收员统一管理，保存期限为一个检修周期，超过保管期限的记录，经车间主任批准后销毁。

九、作业点评

作业完毕，作业负责人组织召开小结会，作业人员汇报任务完成情况和设备质量情况，作业负责人填写《工作日志》，将检修发现且未能修复的问题纳入待修记录。

附录 A

（规范性附录）

JRJC 交流二元二位型继电器入所检修作业记录

表 A.1　JRJC 交流二元二位型继电器电器检修卡片

检修编号＿＿＿＿　型号＿＿＿＿　厂家＿＿＿＿　出厂编号＿＿＿＿　出厂日期＿＿＿＿

入所日期＿＿＿＿　使用处所＿＿＿＿　检修日期＿＿＿＿

检修顺序	线圈电阻/Ω		电气特性								绝缘电阻 /MΩ	接点特性			铁心极面间隙 /mm	检修者	验收者1	验收者2	备注
			轨道线圈			局部线圈		磁路平衡		相位角		接触电阻 /Ω	压力 N						
	前圈 /Ω	后圈 /Ω	释放值 /V	工作值 /V	电流 /A	电压 /V	电流 /A	局部 /V	轨道 /V	$\alpha_1+\alpha_2-2$			动合	动断					
检修前																			
检修后																			
验收 1																			
检修前																			
检修后																			
验收 1																			

表 A.2 检修小票

类型:	
标号:	
日期:	年 月
到期:	年 月
检修:	验收 1:
站名:	验收 2:

（材料为不干胶，大小为 35 mm×35 mm）

第15章 JSBXC-850型时间继电器入所检修作业标准

一、主题内容与适用范围

1. 本标准规定了 JSBXC-850 型时间继电器入所检修作业的检修准备、风险预控、检修作业程序与内容。

2. 本标准适用于神朔铁路管内 JSBXC-850 和 JSBXC1-850 时间继电器的入所检修作业。

二、规范性引用文件

下列文件中的条款通过本标准的引用而成为本标准的条款。凡是注有日期的引用文件，其随后所有的修改（不包括勘误的内容）或修订版本均不适用本标准。然而，鼓励根据本标准达成协议的各方研究是否可使用这些文件的最新版本。凡是不注日期的引用文件，其最新版本适用于本标准。

《普速铁路信号维护规则》（技术标准）

三、作业目的

检查设备运用状况，发现隐患并克服设备缺点，确保运用质量符合技术标准。

四、风险预控

1. 作业前预想：检修准备、防护措施是否妥当。
2. 作业中预想：电气特性和机械特性符合标准，接点压力调整适当。
3. 作业后预想：检和修是否彻底，复查试验是否良好，加封、手续是否完备。

五、检修作业流程图

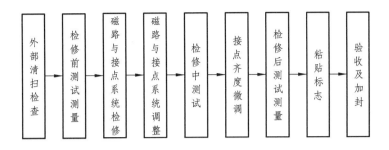

六、检修作业程序与内容

（一）进行作业前准备

1. 工具：调整钳（150 mm）、什锦锉、活络扳手（150 mm）、套筒扳手（5 mm、6 mm）、封钩、螺丝刀、铁心紧固扳手、电烙铁（20 W）、毛刷、镊子等。

2. 计量器具：万用表、量角器、塞规、测力计（0~0.5 N）。

3. 材料：白布带、金相砂纸、酒精、橡皮、封豆、焊锡等。

4. 检测设备：安全型继电器测试台。

（二）外部清扫检查

1. 清扫外部尘土和污垢。

2. 检查外罩无破损、变形、残缺，胶木底座无裂缝、变形，有问题的记入安全型继电器检修卡片（见附录 A 中表 A.1）中"备注"栏目。

3. 检查封印是否完整，对不完整的查明原因并做好记录。

（三）检修前测试测量

1. 测试释放值。

将线圈电流升至充磁值，然后调整电流到动合接点断开时的电流表读数，测试数值应符合表 15-1 的要求。

表 15-1　释放值技术指标

继电器类型	充磁值/mA		释放值/mA	
	前圈	后圈	前圈	后圈
JSBXC-850	56	54	≥4	≥3.8
JSBXC1-850				

2. 测试工作值。

将线圈电流降至 0 mA 切断电源 1 s 后，在调整电流至动合接点完全闭合时的电流表读数，测试数值应符合表 15-2 的要求。

表 15-2 工作值技术指标

继电器类型	前圈工作值/mA	后圈工作值/mA
JSBXC-850	≤14	≤13.4
JSBXC1-850		

3. 测试延时时间。

将"类型选择"拨到 JSBXC-850 挡位，工作电压调至直流 24 V，时间转换开关分别选择 3 s、13 s、30 s、180 s，测试时间特性，测数值应符合表 15-3 的要求。

表 15-3 延时时间技术指标

类　　型	连接端子		动作时间/s
JSBXC-850	11-51 12-53	51-52	180±27
		51-61	30±4.5
		61-63	13±1.95
		51-83	3±0.45
JSBXC1-850	11-51 12-53	51-52	180±9
		51-61	30±1.5
		51-63	13±0.65
		51-83	3±0.15

4. 测试线圈电阻。

线圈电阻应单个测量，前圈标称阻值为 370 Ω，其标准范围是 330~407 Ω；后圈标称阻值为 480 Ω，其标准范围是 432~528 Ω。

5. 测试接点阻值。

测试接点电阻时，继电器施加额定值，动作 2 次后再开始测量，共测 3 次，取其数据的最大值。其技术指标为：银-银氧化镉应≤0.05 Ω；银氧化镉-银氧化镉应≤0.1 Ω，银-银应≤0.03 Ω。

6. 测试绝缘电阻。

继电器和插座的绝缘电阻应≥100 MΩ。

7. 测量接点压力。

启封，打开外罩。测量动合接点压力≥250 N，动断接点压力≥150 N。

8. 记录。

将检修前测试测量结果记入表 A.1。

66

9. 故障器材处置。

对于检修前测试中发现的故障器材，应按照故障处理程序将故障排除后，在进行以下工作。更换电子元件时应使用筛选合格后的元件。

（四）磁路与接点系统检修

1. 检查线圈。

（1）线圈架无破损裂纹。

（2）线圈应安装牢固，无较大的旷动，线圈封闭良好，无短路、断线及发霉等现象。线圈引出线无断根、脱落、开焊、虚焊及造成混线的可能，并保证连接正确、焊点饱满。

（3）线圈引出线放置位置适当，无影响继电器动作的可能。

2. 检查磁路。

（1）钢丝卡应无裂纹，弹力充足，放置平台上应与台面平整密贴，三点一面。无影响衔铁正常活动的卡阻现象。

（2）铁心应无松动安装正直，镀层良好，无龟裂、融化、脱落及锈蚀现象。

（3）轭铁应无裂纹刀刃良好，镀层良好。

（4）衔铁无扭曲变形，镀层良好。止片不活动，拐角处无裂痕，拉轴不弯，无过甚磨耗。

（5）衔铁动作灵活，不呆滞，衔铁与轭铁建左右的横向游间应≤0.2 mm，吸合时止片与极靴密贴良好，极靴无外露。

3. 擦拭接点。

（1）用橡皮擦去接点各部的氧化物，使其表面清洁平整，接点片、拖片应明亮有光泽。

（2）用金相砂纸擦去接点面烧损痕迹，对于烧损严重的应予以更换。

4. 检查接点插片及底座内部。

（1）卸下底座，检查接点插片间应无异物。

（2）接点组及各部位螺丝牢固、无松动。

（3）各单元无裂纹破损、光洁无污物。

（4）清扫接点插片、防尘垫及底座，插片应光洁无污物。

（5）调整插片平直且间隔均匀。

5. 检查接点系统。

（1）接点及托片无伤痕、无裂纹，镀层良好无弯曲现象。

（2）接点触头无裂纹、虚焊、漏焊且不活动。

（3）银接点应位于动接点的中间，偏离中心时，接触处距动接点边缘≥1 mm，银接点伸出动接点外≥1.2 mm。

（4）拉杆应处于衔铁槽口中心，动接点轴无弯曲、无破损，与拉杆垂直，灵活无缝隙，拉杆与衔铁垂直，衔铁运动过程中与拉杆均应保持≥0.5 mm 的间隙。

（5）装好底座，紧固底座螺丝，插片伸出底座≥8 mm。鉴别销盖安装正确。

（6）手推衔铁时应动作灵活不呆滞。

（五）磁路及接点系统调整

1. 将接点片及托片调整平直，无扭曲现象。

2. 调整接点压力、调整接点间隙及托片间隙，测量数值应符合表15-4的要求。

表 15-4　接点系统技术指标

继电器类型	接点间隙 /mm	接点压力/mN		托片间隙 /mm
		动合接点	动断接点	
JSBXC-850	≥1.2	≥250	≥150	≥0.35
JSBXC1-850				

3. 继电器接点应同时接触或同时断开，齐度误差≤0.2 mm。

4. 调整衔铁重锤片与下止片之间的间隙为 0.3～1 mm。

（六）延时系统检查调整

1. 检查延时系统。

（1）检查电路板上的引出线，无断根、虚焊、脱焊及腐蚀现象，各部引出线排列整齐，不影响继电器动作。

（2）检查各元件在电路板上的焊接情况，各元件无烧损、相碰现象，无虚焊，焊点饱满。

（3）检查电路板，电路铜箔无卷边、断裂。

2. 调整延时系统（JSBXC-850）。

（1）在输入电压为21 V和27 V时，分别测稳压管两端电压，电压值为19.5～20.5 V，不合格时应更换稳压管。

（2）调整180 s延时，选择电阻 R_6、R_7 的阻值约为 1 MΩ。

（3）调整30 s延时，选择电阻 R_8、R_9 的阻值为 150～300 kΩ。

（4）调整13 s延时，选择电阻 R_{10}、R_{11} 的阻值为 50～100 kΩ。

（5）调整3 s延时，选择电阻 R_{12}、R_{13} 的阻值为 15～30 kΩ。

（七）检修中测试

测试释放值、工作值、延时时间、线圈电阻、接点电阻、绝缘电阻应符合《普速铁路信号维护规则》（技术标准）6.2.1～6.2.6 的要求，当测试数据不合格时，应查明原因并处理。

（八）接点齐度微调

检查接点组的齐度误差，不合格的进行微调。

（九）检修后测试测量

测试释放值、工作值、延时时间、线圈电阻、接点电阻、绝缘电阻应符合《普速铁路信号维护规则》（技术标准）6.2.1～6.2.6 的要求，测量动合接点、动断接点压力，应符合《普速铁路信号维护规则》（技术标准）6.2.4 的要求，并将测量结果记入表 A.1。

（十）粘贴标志

擦拭外罩，填写检修小票（见附录 A 中表 A.2），小票字迹清晰，粘贴在外罩前部下方。

七、验收及加封

1. 验收实行目验、工长验、验收员验三级验收制度，各级验收应按《普速铁路信号维护规则》（技术标准）中"继电器"部分的技术标准执行。
2. 检修者应对机械特性、电气特性，以及时间特性进行自验。
3. 工长按验收范围进行验收，确认合格后在表 A.1 的"验收 1"栏内加盖印章。
4. 验收员按验收范围进行验收，确认后在表 A.1 的"验收 2"栏内加盖印章。
5. 验收合格后的继电器，由检修者上罩，外罩应清洁明亮、封闭良好，继电器的所有可动部分和导电部分不论在任何情况下，不能与外罩相碰，然后由检修者加封，封印应完整。

八、记录

JSBXC-850 型继电器检修作业活动应记录在"安全型继电器检修卡片"（见表 A.1）和"检修小票"（见表 A.2）上。表 A.1 随器材交验收员统一管理，保存期限为一个检修周期，超过保管期限的记录，经车间主任批准后销毁。

九、作业点评

作业完毕，作业负责人组织召开小结会，作业人员汇报任务完成情况和设备质量情况，作业负责人填写《工作日志》，将检修发现且未能修复的问题纳入待修记录。

附录 A

（规范性附录）

安全型继电器入所检修作业记录

表 A.1 安全型继电器检修卡片

检修编号＿＿＿＿　型号＿＿＿＿　出厂编号＿＿＿＿　出厂日期＿＿＿＿

厂家＿＿＿＿

检修顺序	线圈电阻/Ω	动作特性/V·mA 释放值	反向工作值	工作值	转极值	最大接点电阻/Ω 前	后	特性 动合接点最小压力/mN	动断接点最小压力/mN	加强接点最小压力/mN	缓吸	缓放	时间特性/s 3 s	13 s	30 s	180 s	绝缘电阻/MΩ	检修者	验收者1	验收者2	出所 使用处所	日期	备注
检修前																							
检修后																								
验收1																								
检修前																								
检修后																								
验收1																								

入所　日期＿＿＿＿　使用处所＿＿＿＿　检修编号＿＿＿＿　检修日期＿＿＿＿

表 A.2 检修小票

类型:	
标号:	
日期:	年　月
到期:	年　月
检修:	验收 1:
站名:	验收 2:

（材料为不干胶，大小为 35 mm×35 mm）

第16章 安全型整流继电器入所检修作业标准

一、主题内容及适用范围

1. 本标准规定了安全型无极加强接点继电器入所检修作业的检修准备、安全注意事项、检修作业程序与内容。
2. 本标准使用于神朔铁路管内对安全型整流电器入所的检修作业。

二、规范性引用文件

下列文件中的条款通过本标准的引用而成为本标准的条款。凡是注有日期的文件，其随后所有的修改（不包括勘误的内容）或修订版本均不适用于本标准，然而，鼓励根据本标准达成协议的各方研究是否可使用这些文件的最新版本。凡是不注日期的引用文件，其最新版本使用于本标准。

《普速铁路信号维护规则》（技术标准）

三、作业目的

检查设备运用状况，发现隐患并修复设备缺陷，确保运用质量符合技术标准。

四、风险预控

1. 作业前预想：检修准备、防护措施是否妥当。
2. 作业中预想：电气特性和机械特性符合标准，接点压力调整适当。
3. 作业后预想：检和修是否彻底，复查试验是否良好，加封、手续是否完备。

五、检修作业流程图

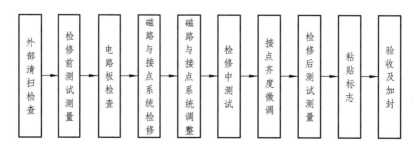

外部清扫检查 → 检修前测试测量 → 电路板检查 → 磁路与接点系统检修 → 磁路与接点系统调整 → 检修中测试 → 接点齐度微调 → 检修后测试测量 → 粘贴标志 → 验收及加封

六、检修作业程序与内容

（一）检修准备

1. 工具：调整钳（150 mm）、什锦锉、活络扳手（150 mm）、套筒扳手（4 mm、5 mm、6 mm）、封钩、螺丝刀、铁心扳手、电烙铁（20 W）、毛刷、镊子等。
2. 计量器具：量角器、塞规、测力计（0～0.5 N）、万用表。
3. 材料：白布带、金相砂纸、酒精、橡皮、封豆、焊锡等。
4. 检测设备：安全型继电器测试台。

（二）外部清扫检查

1. 清扫外部尘土和污物。
2. 检查外罩无破损、变形、残缺，胶木底座无裂缝、变形，有问题的记入安全型继电器检修卡片（见附录 A 中表 A.1）中"备注"栏目。
3. 检查封印是否完整，对不完整的查明原因并做好记录。

（三）检修前测试测量

1. 测试释放值。

依照整流继电器类型，选择"选择类型"开关至相应位置，将被测继电器插入相应插座，将继电器线圈的电压（电流）逐渐升高至充磁值，然后逐渐降低至全部动合接点断开时的电压（电流）值，测试 JZXC-H62 时，将"稳定试验"开关板至相应位置，技术指标见表 16-1。

表 16-1　安全型整流继电器电气特性和时间特性表

序号	继电器型号	线圈电阻 /Ω	电气特性				时间特性
			额定值	充磁值	释放值≥	工作值≤	释放时间≥
1	JZXC-480	240×2	AC 18 V	AC 37 V	AC 4.6 V	AC 9.2 V	—
2	JZXC-H156	78×2	AC 51 mA	AC 136 mA	AC 12 mA	AC 34 mA	AC 34 mA 时，0.1 s
3	JZXC-H62	31×2	冷丝吸起（12 V 15 W 灯泡）时≤AC 110 V 断丝落下（12 V 25 W 灯泡）时≤AC 240 V				电源 220 V 用 12 V 15 W 灯泡时，0.15 s
4	JZXC-H18	9×2	AC 150 mA	AC 400 mA	AC 40 mA	AC 100 mA	AC 100 mA 时，0.15 s
5	JZXC-H142	71×2	AC 50 mA	AC 180 mA	AC 23 mA	AC 45 mA	AC 50 mA 时，0.15 s
6	JZXC-H138	69×2					
7	JZXC-H60	30×2	AC 66 mA	AC 240 mA	AC 30 mA	AC 60 mA	AC 60 mA 时，0.15 s
8	JZXC-H18F	480/16	AC 400 mA	AC 400 mA	AC 40 mA	AC 140 mA	140 mA 时，0.15 s
9	JZXC-H18F1	480/16	AC 400 mA	AC 400 mA	AC 40 mA	AC 140 mA	140 mA 时，0.15 s

2. 测试工作值。

继续降低继电器的线圈电压（电流）降至零，切断电路 1 s 在闭合电路，逐渐升高线圈电压（电流）至全部动合接点完全闭合时的电压（电流）值，技术指标见表 16-1。

3. 测试缓放时间。

将线圈电压（电流）调至表 16-1"时间特性"栏中规定的电压（电流）值，然后断开电路。技术指标见表 16-1。

4. 测试线圈电阻。

线圈电阻应单个测量，对标称值 5 Ω 以上者，其误差应不超过 ±10%；对标称值 5 Ω 及以下者应不超过 ±5%。

5. 测量接点电阻。

测试接点电阻时，继电器线圈应施加额定电压（电流），动作 2 次后再开始测量，共测 3 次，取其数据的最大值。其技术指标为：银-银氧化镉应≤0.05 Ω。

6. 测试绝缘电阻。

继电器导电部分和插座的绝缘电阻应≥100 MΩ。

7. 测量接点压力。

启封，打开外罩。测量动合接点压力应≥250 mN，动断接点压力应≥150 mN。

8. 记录。

将检修前测试测量结果记入表 A.1。

9. 故障器材处置。

对于检修前测试中发现的故障器材，应按照故障处理程序将故障排除后，再进行以下工作。

（四）电路板检修

1. 电路板上的引出线应无断根、虚焊、脱焊及腐蚀现象，各部引出线排列整齐，不影响继电器动作。

2. 检查二极管在电路板上的焊接情况，各元件无烧损、相碰现象，无虚焊，焊点饱满。

3. 检查电路板，电路铜箔无卷边、断裂。

（五）磁路与接点系统检修

1. 检查线圈。

（1）线圈架无破损裂纹。

（2）线圈应安装牢固，无较大的旷动，线圈封闭良好，无短路、断线及发霉等现象。

（3）线圈引出线及各部连接线无断根、脱落、开焊、虚焊及造成混线的可能，放置位置适当，不影响继电器动作。

2．检查磁路。

（1）钢丝卡应无裂纹，弹力充足，放置平台上应与台面平整密贴，三点一面。无影响衔铁正常活动的卡阻现象。

（2）铁心应不松动安装正直，镀层良好，无龟裂、融化、脱落及锈蚀现象。

（3）轭铁应无裂纹，刀刃良好，镀层良好。

（4）衔铁无扭曲变形，镀层良好。止片不活动，拐角处无裂纹，拉轴无弯曲，无过甚磨耗。

（5）衔铁动作灵活，不呆滞，衔铁与轭铁间的横向游间应≤0.2 mm，吸合时止片与极靴密贴良好，极靴无外露。

3．擦拭接点。

（1）用橡皮擦去接点各部的氧化物，清洁平整，接点片、拖片应明亮有光泽。

（2）用金相砂纸擦去接点面烧损痕迹，对于烧损严重的应予以更换。

4．检查接点插片及底座内部。

（1）卸下底座，取下防尘垫，检查接点插片间无异物。

（2）接点组及各部位螺丝紧固、不松动。

（3）各单元无裂纹破损、光洁无污物。

（4）清扫接点插片、防尘垫及底座，插片应光洁无污物。

（5）接点平直且间隔均匀。

5．检查接点系统。

（1）接点及托片无伤痕、无裂纹，镀层良好无弯曲现象。

（2）接点触头不活动，无裂纹、虚焊、漏焊。

（3）银接点应位于动接点中间，偏离中心时，接触处距动接点边缘≥1 mm，银接点伸出动接点外≥1.2 mm。

（4）拉杆应处于衔铁槽口中心，动接点轴不弯曲，无破损，与拉杆垂直，灵活无缝隙，拉杆与衔铁垂直，衔铁运动过程中与拉杆均应保持≥0.5 mm 的间隙。

（5）装好底座及底座，紧固底座螺丝，插片伸出底座≥8 mm。鉴别销盖安装正确。

鉴别销号码见表 16-2。

表 16-2　安全型整流继电器鉴别销号码

序号	继电器型号	鉴别销号码
1	JAXC-480	13、55
2	JAXC-H62	13、53
3	JAXC-H18	
4	JAXC-H142	
5	JAXC-H138	
6	JAXC-H60	
7	JAXC-H18F	

（6）手推衔铁时应动作灵活不呆滞。

（六）磁路及接点系统调整

1. 将接点片及托片调整平直，无扭曲现象。
2. 调整接点压力、接点间隙、托片间隙，测量数值应符合表 16-3 的要求。

表 16-3　安全型整流继电器机械特性表

序号	继电器型号	接点间隙 /mm	接点压力/mN		托片间隙 /mm
			动合	动断	
1	JZXC-480	≥1.3	≥250	≥150	≥0.35
2	JAXC-H62				
3	JAXC-H18				
4	JAXC-H142				
5	JAXC-H138				
6	JAXC-H60				
7	JAXC-H18F	≥1.3			

3. 继电器的接点应同时接触或同时断开，齐度误差≤0.2 mm。
4. 调整衔铁重锤片与下止片之间的间隙为 0.3～1 mm。

（七）检修中测试

测试释放值、工作值、时间特性，测量线圈电阻、接点电阻、绝缘电阻，其技术指标应符合《普速铁路信号维护规则》（技术标准）6.2.1～6.2.6 的要求。当测试测量数据不合格时，应查明原因处理。

（八）接点齐度微调

检查接点组的齐度误差，不合格的进行微调。

（九）检修或测试测量

测试释放值、工作值、时间特性，测量线圈电阻、接点电阻、绝缘电阻、接点压力，其技术指标应符合《普速铁路信号维护规则》（技术标准）中关于整流继电器的电气特性和时间特性的相关技术要求。并将测试测量结果记入表 A.1。

（十）粘贴标志

擦拭外罩，填写绿色不干胶粘贴标志（见附录 A 中表 A.2），其规格为 3.5 cm × 3.5 cm，标志应字迹清晰，粘贴在外罩前部下方。

七、验收及加封

1. 验收实行自验、工长验、验收员验三级验收制度，各级验收应按《普速铁路信号维护规则》（技术标准）中"继电器"部分的技术指标执行。
2. 检修者应对机械特性、电气特性进行自验。
3. 工长按验收范围进行验收，确认合格后在表 A.1 的"验收 1"栏内加盖印章。
4. 验收员按验收范围进行验收，确认合格后在表 A.1 的"验收 2"栏内加盖印章。
5. 验收合格后的继电器，由检修者上罩，外罩应清洁明亮、封闭良好，继电器的所有可动部分和导电部分无论在任何情况下，不应与外罩相碰，然后由检修者加封，封印应完整。

八、记录

安全型整流继电器检修作业活动应记录在"安全型继电器检修卡片"（见表 A.1）和"粘贴标志"（见表 A.2）上。表 A.1 随器材交验收员统一管理，保存期为继电器的寿命期限，超过保管期限的记录，经车间主任批准后销毁。

九、作业点评

作业完毕，作业负责人组织召开小结会，作业人员汇报任务完成情况和设备质量情况，作业负责人填写《工作日志》，对检修发现未能克服问题纳入待修记录。

十、附录

（规范性附录）

安全型继电器入所检修作业记录

表 A.1 安全型继电器检修卡片

检修编号＿＿＿＿＿　型号＿＿＿＿＿　厂家＿＿＿＿＿　出厂编号＿＿＿＿＿　出厂日期＿＿＿＿＿

检修顺序	线圈电阻/Ω	动作特性/V·mA				最大接点电阻/Ω		特性			缓放		时间特性/s				绝缘电阻/MΩ
		释放值	工作值	反向工作值	转极值	前	后	动合接点最小压力/mN	动断接点最小压力/mN	加强接点最小压力/mN	吸	放	3 s	13 s	30 s	180 s	
检修前																	
检修后																	
验收 1																	
检修前																	
检修后																	
验收 1																	

入所	日期					
	使用处所					
	检修日期					
出所	检修者					
	验收者 1					
	验收者 2					
	使用处所					
	日期					
	备注					

78

表 A.2　检修小票

类型：	
编号：	
日 期：	年　　　　月
到 期：	年　　　　月
检 修：	验收 1：
站 名：	验收 2：

（材料为不干胶，大小为 35 mm×35 mm）

第17章 安全型无极继电器入所检修作业标准

一、主题内容及适用范围

1. 本标准规定了安全型无极继电器入所检修作业的检修准备、安全注意事项、检修作业程序与内容。

2. 本标准适用于神朔铁路分公司管内对安全型无极继电器的入所检修作业。

二、规范性引用文件

下列文件中的条款通过本标准的引用而成为本标准的条款。凡是注有日期的引用文件，其随后所有的修改（不包括勘误的内容）或修订版本均不适用本标准。然而，鼓励根据本标准达成协议的各方研究是否可使用这些文件的最新版本。凡是不注日期的引用文件，其最新版本适用于本标准。

《普速铁路信号维护规则》（技术标准）

三、作业目的

检查设备运用状况，发现隐患并克服设备缺点，确保运用质量符合技术标准。

四、风险预控

1. 作业前预想：检修准备、防护措施是否妥当。
2. 作业中预想：电气特性和机械特性符合标准，接点压力调整适当。
3. 作业后预想：检和修是否彻底，复查试验是否良好，加封、手续是否完备。

五、检修作业流程图

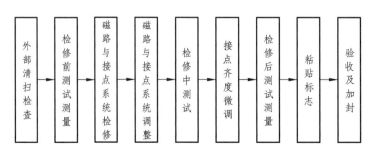

外部清扫检查 → 检修前测试测量 → 磁路与接点系统检修 → 磁路与接点系统调整 → 检修中测试 → 接点齐度微调 → 检修后测试测量 → 粘贴标志 → 验收及加封

六、检修作业程序与内容

（一）准备工作

1. 工具：调整钳（150 mm）、什锦锉、活络扳手（150 mm）、套筒扳手（5 mm、6 mm）、封钩、螺丝刀、铁心紧固扳手、电烙铁（20 W）、毛刷、镊子等。

2. 计量器具：量角器、塞规、测力计（0~0.5 N）。

3. 材料：白布带、金相砂纸、酒精、橡皮、封豆、焊锡等。

4. 检测设备：安全型继电器测试台。

（二）外部清扫检查

1. 清扫外部尘土和污物。

2. 检查外罩无破损、变形、残缺，胶木底座无裂缝、变形，有问题的记入安全型继电器检修卡片（见附录 A 中表 A.1）中"备注"栏目。

3. 检查封印是否完整，对不完整的查明原因并做好记录。

（三）检修前测试测量

1. 测试释放值。

将线圈电流升至充磁值后下降，至动合接点断开时的电压（电流）值，技术指标见表 17-1。

表 17-1 安全型无极继电器电气特性表

继电器类型	电气特性								鉴别销号码
	充磁值		释放值		工作值		反向工作值		
	V	mV	V	mV	V	mV	V	mV	
JWXC-2000	30		2.4~3.2		≤7.5				12.55
JWXC-1700	67		≥3.4		≤16.8		≤18.4		11.51
JWXC-1000	58		≥4.3		≤14.4		≤15.8		11.52
JWXC-H600	52		≥2.6		≤13		≤14.3		12.51
JWXC-H310	60		≥4		≤15				23.54
JWXC-340	46		≥2.3		≤11.5		≤12.6		12.52
JWXC-H500/300	54/54		≥2.7/2.7		≤13.5/13.5		≤14.8/14.8		12.53

2. 测试工作值。

将线圈电压（电流）降至零，切断 1 s 后在升电压（电流）至动合接点完全闭合时的电压（电流）值，技术指标见表 17-1。

3. 测试反向工作值。

将线圈电压（电流）升至充磁值后，再降至 0 V（mA），改变电源极性，再升高电压

（电流）至继电器完全吸合时的电压（电流）值，技术指标见表 17-1。

4. 测试时间特性。

将"时间选择"开关拨到相应位置，将工作电压分别调至 18 V 和 24 V，测出相应的缓吸时间，释放时间，测试数值应符合表 17-2 的要求。

表 17-2 安全型无极继电器时间特性表

继电器类型	时间特性			
	缓吸时间/s		释放时间/s	
	18 V	24 V	18 V	24 V
JWXC-H600				≥0.32
JWXC-H310		0.4±0.10		0.8±0.10
JWXC-H340	≤0.35	≤0.3	≥0.45	≥0.5
JWXC-H500/300				≥0.16

5. 测试线圈电阻。

线圈电阻应单个测量，对 5 Ω 以上者，其误差应不大于 ±10%，对 5 Ω 及其以下者，其误差应不大于 ±5%。

6. 测试接点阻值。

测试接点电阻时，继电器施加额定值，动作 2 次后再开始测量，共测 3 次，取其数据的最大值。其技术指标为：银-银氧化镉应 ≤0.05 Ω；银氧化镉-银氧化镉应 ≤0.1 Ω，银-银应 ≤0.03 Ω。

7. 测试绝缘电阻。

继电器和插座的绝缘电阻应 ≥100 MΩ。

8. 测量接点压力。

启封，打开外罩。测量动合接点压力 ≥250 mN，动断接点压力 ≥150 mN。

9. 记录。

将检修前测试测量结果记入表 A.1。

10. 故障器材处置。

对于检修前测试中发现的故障器材，应按照故障处理程序将故障排除后，再进行以下工作。

（四）磁路与接点系统检修

1. 检查线圈。

（1）线圈架无破损裂纹。

（2）线圈应安装牢固，无较大旷动，线圈封闭良好，无短路、断线及发霉等现象。线圈引出线无断根、脱落、开焊、虚焊及造成混线的可能，并保证连接正确、焊点饱满。

（3）线圈引出线放置位置适当，无影响继电器动作的可能。

2. 检查磁路。

（1）钢丝卡应无裂纹，弹力充足，放置平台上应与台面平整密贴，三点一面。无影响衔铁正常活动的卡阻现象。

（2）铁心应无松动安装正直，镀层良好，无龟裂、融化、脱落及锈蚀现象。

（3）轭铁应无裂纹刀刃良好，镀层良好。

（4）衔铁无扭曲变形、镀层良好。止片不活动，拐角处无裂痕，拉轴无弯曲，无过甚磨耗。

（5）衔铁动作灵活，不呆滞，衔铁与轭铁间左右的横向游间应≤0.2 mm，吸合时止片与极靴密贴良好，极靴无外漏。

3. 擦拭接点。

（1）用橡皮擦去接点各部的氧化物，应清洁平整，接片点、托片应明亮有光泽。

（2）用金相砂纸擦去接电面烧损痕迹，对于烧损严重的应予以更换。

4. 检查接点插片及底座内部。

（1）卸下底座，取下防尘垫，检查接点插片间无异物。

（2）接点组及各部螺丝牢固、无松动。

（3）各单元无裂纹破损，光洁无污物。

（4）调整接点插片、防尘垫及底座，插片应光洁无污物。

（5）调整插片平直且间隔均匀。

5. 检查接点系统

（1）接点片及托片无伤痕、无裂纹、镀层良好无弯曲现象。

（2）接点触头无裂纹、虚焊、漏焊且不活动。

（3）银接点应位于动接点中间，偏离中心时，接触处距动接点边缘≥1 mm，银接点伸出动接点外≥1.2 mm。

（4）拉杆应处于衔铁槽口中心，动接点轴不弯曲，无破损，与拉杆垂直，灵活无缝隙，拉杆与衔铁垂直，衔铁运动过程中与拉杆均应保持≥0.5 mm 的间隙。

（5）装好防尘垫及底座，紧固底座螺丝，插片伸出底座外≥8 mm，鉴别销盖安装正确。

（6）手提衔铁时应动作灵活不呆滞。

（五）磁路与接点系统调整

1. 将接点片及托片调整平直，无扭曲现象。

2. 调整接点压力，接点间隙及托片间隙，测量数值应符合表 17-3 的要求。

表 17-3　安全型无极继电器接点系统机械特性表

继电器类型	动合接点压力/mN	动断接点压力/mN	托片间隙/mm	接点间隙/mm	接点不齐度/mm
JWXC	≥250	≥150	≥0.35	≥1.2	≤0.2
JWXC-2000	≥250	≥150	≥0.35	≥1.2	≤0.2

3. 继电器接点应同时接触或同时断开，齐度误差≤0.2 mm。

4. 调整衔铁重锤片与下止片之间的剪子为 0.3 ~ 0.1 mm。

（六）检修中测试

测试释放值、工作值、反向工作值、时间特性、线圈电阻、接点电阻、绝缘电阻应符合《普速铁路信号维护规则》（技术标准）6.2.1 ~ 6.2.7 的要求。当测试数据不合格时，应查明原因并处理。

（七）接点齐度微调

检查接点组的齐度误差，不合格的进行微调。

（八）检修后测试测量

测试释放值、工作值、反向工作值、时间特性、线圈电阻、接点电阻、绝缘电阻应符合《普速铁路信号维护规则》（技术标准）中关于无极继电器的电气和时间特性的技术要求，并将测试测量结果记入表 A.1。

（九）粘贴标志

擦拭外罩，填写检修小票（见附录 A 中表 A.2），小票应字迹清晰，粘贴在外罩前部下方。

七、验收及加封

1. 验收实行目验、工长验、验收员验三级验收制度，各级验收应按《普速铁路信号维护规则》（技术标准）中"继电器"部分的技术标准执行。
2. 检修者应对机械特性、电器特性，以及时间特性进行自验。
3. 工长按验收范围进行验收，确认合格后在表 A.1 的"验收 1"栏内加盖印章。
4. 验收员按验收范围进行验收，确认合格后在表 A.1 的"验收 2"栏内加盖印章。
5. 验收合格后的继电器，由检修者上罩，外罩应清洁明亮、封闭良好，继电器的所有可动部分和导电部分不论在任何情况下，不能与外罩相碰，然后由检修者加封，封印应完整。

八、记录

安全型无极继电器检修作业活动应记录在"安全型继电器检修卡片"（见表 A.1）和"检修小票"（见表 A.2）上。表 A.1 随器材交验收员统一管理，保存期限为一个检修周期，超过保管期限的记录，经车间主任批准销毁。

九、作业点评

作业完毕，作业负责人组织召开小结会，作业人员汇报任务完成情况和设备质量情况，作业负责人填写《工作日志》，将检修发现且未能修复的问题纳入待修记录。

十、附录

附录 A

（规范性附录）

安全型继电器入所检修作业记录

表 A.1 安全型继电器检修卡片

检修编号_____ 型号_____ 出厂编号_____

厂家_____ 出厂日期_____ 出厂编号_____

入所 日期_____ 使用处所_____

检修顺序	线圈电阻 /Ω	动作特性 /V·mA 释放值	工作值	反向工作值	转极值	最大接点电阻 /Ω 前	后	动合接点最小压力 /mN	动断接点最小压力 /mN	加强接点最小压力 /mN	缓吸	缓放	时间特性 /s 3 s	13 s	30 s	180 s	绝缘电阻 /MΩ	检修者	验收者 1	验收者 2	出所 使用处所	日期	备注
检修前																							
检修后																								
验收 1																								
检修前																								
检修后																								
验收 1																								

表 A.2 检修小票

类型：		
标号：		
日期：	年 月	
到期：	年 月	
检修：	验收 1：	
站名：	验收 2：	

（材料为不干胶，大小为 35 mm×35 mm）

第18章　安全型无极加强接点继电器入所检修作业标准

一、主题内容及适用范围

1. 本标准规定了安全型无极加强接点继电器入所检修作业的检修准备、安全注意事项、检修作业程序与内容。

2. 本标准适用于神朔铁路管内对安全型无极加强接点继电器入所的检修作业。

二、规范性引用文件

下列文件中的条款通过本标准的引用而成为本标准的条款。凡是注有日期的文件，其随后所有的修改单（不包括勘误的内容）或修订版均不适用于本标准，然而，鼓励根据本标准达成协议的各方研究是否可使用这些文件的最新版本。凡是不注日期的引用文件，其最新版本使用于本标准。

《普速铁路信号维护规则》（技术标准）

三、作业目的

检查设备运用状况，发现隐患并克服设备缺点，确保运用质量符合技术标准。

四、风险预控

1. 作业前预想：检修准备、防护措施是否妥当。

2. 作业中预想：电气特性和机械特性符合标准，接点压力调整适当。

3. 作业后预想：检和修是否彻底，复查试验是否良好，加封、手续是否完备。

五、检修作业流程图

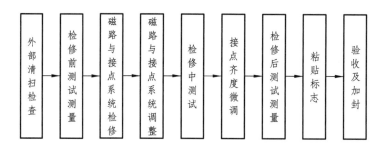

六、检修作业程序与内容

（一）准备工作

1. 工具：调整钳（150 mm）、什锦锉、活络扳手（150 mm）、套筒扳手（5 mm、6 mm）、封钩、螺丝刀、铁心扳手、电烙铁（20 W）、毛刷、镊子等。

2. 计量器具：量角器、塞规、测力计（0～0.5 N）、电桥、万用表。

3. 材料：白布带、金相砂纸、酒精、橡皮、封豆、焊锡等。

（二）外部检修

1. 外罩及各部件无破损、残缺，胶木底座无裂缝、变形，有问题的记入安全型继电器检修卡片（见附录 A 中表 A.1）中"备注"栏目。

2. 继电器封印应完整，对不完整的应查明原因并做好记录。

3. 清扫外部尘土及污物。

（三）检修前测试

1. 测试释放值：将线圈电压（电流）升至过截值后，再下降至动合接点断开之值（见表 18-1）。

表 18-1 释放值技术指标

继电器类型	前圈释放值（≥）/V	线圈串联释放值（≥）/V
JWJXC-H125/0.44	2.5	
JWJXC-480		4.8
JWJXC-7200		30
JWJXC-100		3.5

2. 测试工作值：将电压（电流）降至零，切断电源 1 s 后，再升电压（电流）至动合接点完全闭合之值（见表 18-2）。

表 18-2　工作值技术指标

继电器类型	前圈工作值（≤）/V	线圈串联工作值（≤）/V
JWJXC-H125/0.44	12	
JWJXC-480		16
JWJXC-7200		85
JWJXC-100		10

3. 测试反向工作值：升电压（电流）至压载值后再降至零，改变电源极性，再升高电压（电流）至继电器完全吸合之值（见表 18-3）。

表 18-3　反向工作值技术指标

继电器类型	前圈工作值（≤）/V	线圈串联工作值（≤）/V
JWJXC-H125/0.44	13.2	
JWJXC-480		17.6

4. 时间特性测试：测试电流缓放时间，对于 JWJXC-H125/0.44 型继电器后圈电流由 5 A 降至 1.5 A 断电时，缓放时间≥0.3 s；对于 JWJXC-H125/0.13 型继电器后圈电流由 4 A 降至 1 A 断电时，缓放时间≥0.2 s（见表 18-4）。

表 18-4　时间特性技术指标

继电器类型	后圈释放时间（≥）/s	前圈释放时间（≥）/s		线圈串联（≤）/s	
		18 V	24 V	吸起	释放
JWJXC-H125/0.44	0.3	0.35	0.45		
JWJXC-6800				0.1	0.1
JWJXC-7200				0.1	0.1
JWJXC-100				0.1	0.1

5. 前后线圈极性检查：电压线圈通 12 V，电流线圈通 1.5 A 电流，衔铁应保持吸起。

6. 测试线圈电阻：5 Ω 以下用电桥法，5 Ω 以上用欧姆表，换算为+20 ℃ 时的允许误差分别为：±5%、±10%。

7. 测试接点电阻：用电压电流法，即通过接点电流 0.5 A，测接点压降，银-银氧化铬应≤0.05 Ω；银氧化镉-银氧化镉应≤0.1 Ω；加强接点的接触电阻为银氧化镉-银氧化镉应

≤0.1 Ω。

8. 测试绝缘电阻线圈对支架铁心接点之间的阻值，均应≥100 MΩ。

（四）内部检修

1. 线圈部分。

（1）线圈架无破损、断裂。

（2）线圈引线及焊片应焊接牢固、无断股，焊片无裂纹，连接线圈的引线片正确。

2. 磁路部分。

（1）钢丝卡应无裂纹，弹力充足，放置平台上应与台面凭证密贴，三点一面，衔铁动作灵活。

（2）铁心不松动，安装正直，镀层完好。

（3）轭铁无裂纹，刀刃良好，镀层完好。

（4）衔铁无扭曲变形，镀层完好，止片不活动，拐角处无裂纹，拉轴不弯，无过甚磨耗。

（5）衔铁吸起时与铁心的间隙适当，衔铁动作灵活，不呆滞，轴向游程＜0.2 mm。吸合时，止片应紧贴极靴，衔铁应全部盖住极靴（见表18-5）。

表 18-5　衔铁及止片技术指标

继电器类型	衔铁角度	止片厚度/mm
JWJXC-H125/0.44	95°～96°30′	0.3
JWJXC-480	96°～97°30′	0.8～0.06

3. 接点插片及底座内部。

（1）卸下底座，取下防尘垫，检查接点插片间应无异物。

（2）接点组及各部螺丝牢固不松动。

（3）各单元及底座胶木无裂纹、破损。

（4）清扫接点插片、防尘垫及底座，插片应光洁，无污物。

（5）调整插片平直且排列均匀。

4. 接点部分。

（1）接点片及托片无伤痕、硬弯，镀层良好。

（2）接点触头无裂纹、虚焊、漏焊且不活动。

（3）银接点位置应在动接点的中间，距动接点边缘≥1 mm，银接点伸出动接点外≥1.2 mm。

（4）拉杆应垂直且处于衔铁槽口中心，距衔铁槽口边缘≥0.5 mm，不过分前倾后仰；动接点轴不弯曲；绝缘轴无破损，与拉杆垂直灵活无缝隙，衔铁运动过程中与拉杆均应保持≥0.5 mm 的间隙。

（5）磁吸弧器安装牢固，极头伸出接点表面的高度≥0.5 mm，磁通量及其极性的安装符合《普速铁路信号维护规则》（技术标准）要求。

（6）隔弧云母片完整，安置牢固。

（7）装好防尘垫及底座，紧固底座螺丝，检查确认型别盖，插片伸出底座≥8 mm，型别盖类型正确。

（8）检查继电器整体动作手推衔铁或通电检查，应动作灵活，不呆滞。

5. 接点系统轻擦去污。

（1）用酒精和橡皮擦取接点各部的氧化物，接点片、托片要明亮有光泽。

（2）用金相砂纸擦拭去接点面烧损痕迹，应无氧化物及烧损痕迹。

（五）磁路及接点系统调整

1. 将接点片及托片调整平直，应无弯曲、扭曲。

2. 调整接点压力、共同行程、间隙及同类接点齐度（见表 18-6）。

表 18-6　接点系统技术指标 I

继电器类型	普通动合接点压力 /mN	普通动断接点压力 /mN	加强动合接点压力 /mN	加强动断接点压力 /mN
JWJXC-H125/0.44	≥150	≥150	≥400	≥300
JWJXC-480	≥150	≥150	≥400	≥300
JWJXC-7200		≥200	≥600	
JWJXC-100		≥200	≥600	

3. 调整接点间隙。

4. 调整接点共同行程，加强接点行程为 0.1～0.3 mm，普通接点行程≥0.35 mm。继电器接点应同时接触或断开，齐度误差≤0.2 mm（见表 18-7）。

表 18-7　接点系统技术指标 II

继电器类型	普通接点行程/mm	加强接点行程/mm
JWJXC-H125/0.44	≥1.3	≥2.5
JWJXC-480	≥3	≥5
JWJXC-7200	≥4.5	≥7
JWJXC-100	≥4.5	≥7

5. 价差衔铁重锤与下止片之间的间隙为 0.3～1 mm。

（六）检修中测试

测试释放值、工作值、反向工作值及缓放时间，应符合《普速铁路信号维护规则》（技术标准）中关于无极加强接点继电器的相关要求，当测试数据不合格时，应查明原因处理。

（七）接点齐度微调

检查接点组的齐度误差，不合格的进行微调。

（八）检修后测试测量

测试释放值、工作值、反向工作值、时间特性、线圈电阻、接点电阻、绝缘电阻，应符合《普速铁路信号维护规则》（技术标准）中关于无极加强接点继电器的相关技术标准要求，测量动合接点、动断接点压力，应符合《普速铁路信号维护规则》（技术标准）5.4.2 的要求，并将测试测量结果记入表 A.1。

（九）粘贴标志

擦拭外罩，填写检修小票（见附录 A 中表 A.2），小票应字迹清晰，粘贴在外罩前部下方。

七、验收及加封

1. 验收实行自验、工长验、验收员验三级验收制度，各级验收应按《普速铁路信号维护规则》（技术标准）中"继电器"部分的技术标准执行。
2. 检修者应对机械特性、电气特性及时间特性进行自验。
3. 工长按验收范围进行验收，确认合格后在表 A.1 的"验收 1"栏内加盖印章。
4. 验收员按验收范围进行验收，确认合格后在表 A.1 的"验收 2"栏内加盖印章。
5. 验收合格后的继电器，由检修者上罩，外罩应清洁明亮、封闭良好，继电器的所有可动部分和导电部分不论在任何情况下，不能与外罩相碰，然后由检修者加封，封印应完整。

八、记录

安全性无极加强接点继电器检修作业活动应记录在"安全型继电器检修卡片"（见表 A.1）和"检修小票"（见表 A.2）。表 A.1 随器材交验收员统一管理，保存期限为一个检修周期，超过保管期限的记录，经车间主任批准后销毁。

九、作业点评

作业完毕，作业负责人组织召开小结会，作业人员汇报任务完成情况和设备质量情况，作业负责人填写《工作日志》，将检修发现且未能修复的问题纳入待修记录。

十、附录

（规范性附录）

安全型继电器入所检修作业记录

表 A.1 安全型继电器检修卡片

检修缝号＿＿＿　　型号＿＿＿　　出厂编号＿＿＿　　出厂日期＿＿＿

厂家＿＿＿

		检修顺序	线圈电阻 /Ω	动作特性 /V·mA 释放值	动作特性 /V·mA 反向工作值	动作特性 /V·mA 转极值	最大接点电阻 /Ω 前	最大接点电阻 /Ω 后	特性 动合接点最小压力 /mN	特性 动断接点最小压力 /mN	特性 加强接点最小压力 /mN	缓吸	缓放	时间特性/s 3 s	13 s	30 s	180 s	绝缘电阻 /MΩ	检修者	验收者 1	验收者 2	出所 使用处所	出所 日期	备注
入所 日期	使用处所	检修前																						
		检修后																						
		验收 1																						
		检修前																						
		检修后																						
		验收 1																						

表 A.2 检修小票

类 型:	
编 号:	
日 期:	年　　　月
到 期:	年　　　月
检 修:	验收 1:
站 名:	验收 2:

（材料为不干胶，大小为 35 mm×35 mm）

第19章 安全型有极（偏极）继电器入所检修作业标准

一、主题内容及适用范围

1. 本标准规定了安全型有极（偏极）继电器入所检修作业的检修准备、安全注意事项、检修作业程序与内容。

2. 本标准适用于神朔铁路管内对安全型有极（偏极）继电器入所的检修作业。

二、规范性引用文件

下列文件中的条款通过本标准的引用而成为本标准的条款。凡是注有日期的文件，其随后所有的修改（不包括勘误的内容）或修订版本均不适用于本标准，然而，鼓励根据本标准达成协议的各方研究是否可使用这些文件的最新版本。凡是不注日期的引用文件，其最新版本使用于本标准。

《普速铁路信号维护规则》（技术标准）

三、作业目的

检查设备运用状况，发现隐患并修复设备缺陷，确保运用质量符合技术标准。

四、风险预控

1. 作业前预想：检修准备、防护措施是否妥当。

2. 作业中预想：电气特性和机械特性符合标准，接点压力调整适当。

3. 作业后预想：检和修是否彻底，复查试验是否良好，加封、手续是否完备。

五、检修作业流程图

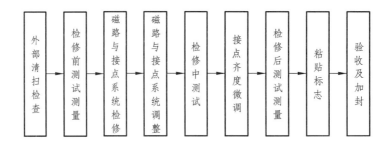

外部清扫检查 → 检修前测试测量 → 磁路与接点系统检修 → 磁路与接点系统调整 → 检修中测试 → 接点齐度微调 → 检修后测试测量 → 粘贴标志 → 验收及加封

六、检修作业程序与内容

（一）准备工作

1. 工具：调整钳（150 mm）、什锦锉、活络扳手（150 mm）、套筒扳手（4 mm、5 mm、6 mm）、封钩、螺丝刀、铁心紧固扳手、电烙铁（20 W）、毛刷、镊子等。

2. 计量器具：量角器、塞规、测力计（0～0.5 N、0～5 N）、磁通表。

3. 材料：白布带、金相砂纸、酒精、橡皮、封豆、焊锡等。

4. 检测设备：安全型继电器测试台

（二）外部清扫检查

1. 清扫外部尘土和污物。

2. 检查确认外罩无破损、变形、残缺，胶木底座无裂缝、变形，有问题的记入安全型继电器检修卡片（见附录 A 中表 A.1）中"备注"栏目。

3. 检查封印是否完整，对不完整的应查明原因并做好记录。

（三）检修前测试测量

1. 测试正向转极值。

（1）选择"类型选择"开关至相应位置。

（2）将被测继电器插入相应插座。

（3）当继电器型号为 JYXC-660、JYXC-270、JYJXC-3000、JYJXC-J3000 时，将"线圈连接"开关选至"串联"挡位。当继电器型号为 JYJXC-135/220、JYJXC-220/220 时，将"线圈连接"开关选至"分联"挡位，使前圈通正向电压、后圈通反向电压。

（4）将"电源极性"开关扳至"反向"挡位，调整电压（电流）至充磁值，然后逐渐降低至零，断开电路 1 s。

（5）将"电源极性"开关扳至"正向"挡位，调整电压（电流）至衔铁转极、全部定位接点闭合时的最小电压（电流）值为正向转极值。技术指标见表 19-1。

96

表 19-1　安全型有极继电器电气特性表

序号	继电器型号	线圈电阻/Ω	额定值	充磁值	转极值		临界不转极值
					正向	反向	
1	JYXC-660	330×2	24 V	60 V	10~15 V	10~15 V	—
2	JYXC-270	135×2	48 mA	120 mA	20~32 mA	20~32 mA	—
3	JYJXC-135/220	135/220	24 V	64 V/64 V	10~16 V	10~16 V	—
4	JYJXC-220/220	220/220	24 V	64 V/64 V	10~16 V	10~16 V	—

2. 测试反向转极值。

（1）将"电源极性"开关扳至"正向"挡位，调整电压（电流）至充磁值，然后逐渐降低至零，断开电路 1 s。

（2）将"电源极性"开关扳至"反向"挡位，调整电压（电流）至衔铁转极、全部反位接点闭合时的最小电压（电流）值为反向转极值。技术指标见表 19-1。

3. 测试临界正向不转极电压值先将"电源极性"开关扳至"正向"挡位，调整直流电压至 240 V，使衔铁处于定位状态，逐渐降低电压至零，断开电路 1 s，用非导磁体按住衔铁上部。再将"电源极性"开关扳至"反向"挡位，迅速升高电压到 240 V，去掉非导磁体，然后逐渐降低电压至衔铁转极时的最大电压值为临界反向不转极电压值。技术指标见表 19-1。

4. 测试释放值（JPXC-1000 型继电器）。

选择"类型选择"开关至相应位置，"电源极性"开关扳至"正向"挡位，将继电器插入相应的插座。调整电压升至充磁值后逐渐下降，至动合接点断开时的电压值，技术指标见表 19-2。

表 19-2　安全型偏极继电器电气特性表

序号	继电器型号	线圈电阻/Ω	额定值/V	充磁值/V	释放值/V	工作值/V
1	JPXC-1000	500×2	24	64	≥4	≤16

5. 测试工作值（JPXC-1000 型继电器）。

继续将线圈电压降至零，切断电源 1 s 后再逐渐升高电压至衔铁止片与铁心接触，动合接点完全闭合时的电压值。技术指标见表 19-2。

6. 测试反向不吸起值（JPXC-1000 型继电器）。

将线圈电压降至零，"电源极性"开关扳至"反向"挡位，调整电压全 200 V，此时继电器不应吸起。

7. 测量线圈电阻。

线圈电阻应单个测量，对标称值 5 Ω 以上者，其误差应 ≤ ±10%；对标称值 5 Ω 及其以下者，其误差 ≤ ±5%。

8. 测量接点电阻。

测量接点电阻时，继电器的线圈应施加额定电压（电流）值，动作 2 次后再开始测量，共测 3 次，取其数据的最大值。技术指标为：银-银氧化镉≤0.05 Ω，银氧化镉-银氧化镉≤0.1 Ω，银-银≤0.03 Ω。

9. 测量绝缘电阻。

继电器导电部分和插座的绝缘电阻≥100 MΩ。

10. 测量接点压力及衔接保持力。

（1）启封，打开外罩。测量有极继电器普通接点压力、加强接点压力，在铁心极面中心或拉杆中心相对应的衔铁上测量衔铁保持力。技术指标见表 19-3。

（2）测量偏极继电器动合接点压力、动断接点压力。技术指标见表 19-4。

表 19-3　安全型有极继电器机械特性表

序号	继电器类型	接点间隙/mm 普通接点≥	接点间隙/mm 加强接点≥	普通接点压力/mN 定位≥	普通接点压力/mN 反位≥	加强接点压力/mN 定位≥	加强接点压力/mN 反位≥	托片间隙/mm 普通接点≥	托片间隙/mm 加强接点≥	保持力/N 定位≥	保持力/N 反位≥
1	JYXC-660	1.3	—	250	250	—	—	—		2	2
2	JYXC-270										
3	JYJXC-220/220	4.5	7	150	150	400	400	0.35	0.1～0.3	4	4
4	JYJXC-135/220			150							
5	JYJXC-X135/220										

表 19-4　安全型偏极继电器机械特性表

序号	继电器型号	接点间隙/mm	接点压力/mA 动合	接点压力/mA 动断	托片间隙/mm
1	JPXC-1000	≥1.3	≥250	≥150	≥0.35

11. 记录。

将检修前测试量结果记入表 A.1。

12. 故障器材处置。

对于检修前测试中发现的故障器材，应按照故障处理程序将故障排除后，再进行下一工作。

（四）磁路与接点系统检修

1. 检修线圈。

（1）线圈架无破损裂纹。

（2）线圈安装牢固，无较大旷动，线圈封包良好，无短路、断线及发霉等现象。

（3）线圈引出线及各部连接线无断根、脱落、开焊、虚焊及造成混线的可能。放置位置适当，不应影响继电器动作。

2. 检修磁路。

（1）钢丝卡无裂纹，弹力充足，放置平台上应与台面凭证密贴，三点一面。无影响衔铁正常活动的卡阻现象。

（2）铁心无松动，安装正直，镀层良好，无龟裂、融化、脱落及锈蚀现象。

（3）轭铁无裂纹，刀刃良好，镀层良好。

（4）衔铁无扭曲变形，镀层良好。止片不活动，拐角处无裂纹，拉轴不弯，无过甚磨耗。

（5）衔铁动作灵活，不呆滞，衔铁与轭铁间的横向游间应≤0.2 mm，吸合时止片与极靴密贴良好，极靴无外露。

（6）永久磁钢无裂纹，刀刃完好。磁极保持清洁平整，不得有铁屑或杂物。

（7）用磁通表测量熄弧磁钢，偏极 L 型磁钢、有极 L 型磁钢，及保磁钢的剩余磁通量。技术指标见表 19-5。当不符合要求时，应予以更换。

表 19-5　永久磁钢剩余磁通量技术指标表

名　称	剩余磁通量/Wb
熄弧磁钢	$6.5 \times 10^{-6} \sim 8 \times 10^{-6}$
偏极 L 型磁钢、有极 L 型磁钢	$>6 \times 10^{-5}$
极保磁钢	$1.5 \times 10^{-4} \sim 1.8 \times 10^{-4}$

3. 擦拭接点。

（1）用橡皮擦去接点各部的氧化物，清洁平整，接点片、托片明亮有光泽。

（2）用金相砂纸擦去接点表面烧损的痕迹，对于烧损严重的应予以更换。

4. 检修接点插片及底座内部：

（1）卸下底座，取下防尘垫，检查接点插片间无异物。

（2）接点组及各部螺丝紧固、无松动。

（3）各单元无裂纹破损，光洁无污物。

（4）接点平直且间隔均匀。

5. 检修接点系统。

（1）接点片及托片无伤痕、无裂纹、虚焊、漏焊。

（2）银接点应位于动接点中间，偏离中心时接触处距动接点边缘≥1 mm。接点伸出动接点外≥1.2 mm。

（3）拉杆应处于衔铁槽口中心，动接点轴无弯曲，无破损，与拉杆垂直，灵活无缝隙。拉杆与衔铁垂直，衔铁运动过程中与拉杆应保持≥0.5 mm的间隙。

（4）加强接点的熄弧磁钢在熄弧器夹上安装牢固，其极性的安装应符合《普速铁路信号维护规则》（技术标准）图11.2.7的要求。

（5）隔弧云母片完整无缺，安装牢固。

（6）装好防尘垫及底座，紧固底座螺丝，插片伸出底座外≥8 mm，鉴别销盖安装正确。鉴别销号码见表19-6。

表19-6　安全型有极（偏极）继电器鉴别销号码表

序号	继电器名称	继电器型号	鉴别销号码
1	有极继电器	JYXC-660	15、52
2		JYXC-270	15、53
3	有极加强接点继电器	JYJXC-135/220	15、54
4		JYJXC-X135/220	12、23
5		JYJXC-220/220	15、54
6	偏极继电器	JPXC-1000	14、51

（7）手推衔铁时应动作灵活不呆滞。

（五）磁路及接点系统调整

1. 将接点片及托片调整平直，无弯曲现象。
2. 调整接点压力、接点间隙、托片间隙，测量数值应符合表19-3、表19-4的要求。
3. 调整有极继电器定位或反位保持力，技术指标见表18-3。
4. 继电器的接点应同时接触或同时断开，普通接点齐度误差≤0.2 mm、加强接点齐度误差≤0.1 mm。

（六）检修中测试

测试正向转极值、反向转极值、临界正向不转极电压值、临界反向不转极电压值、释放值、工作值、反向不吸起值，测量线圈电阻、接点电阻、绝缘电阻，其技术指标应符合《普速铁路信号维护规则》（技术标准）6.2.1～6.2.10的要求。当测试测量数据不合格时，应查明原因处理。

（七）接点齐度微调

检查接点组的齐度误差，不合格的进行微调。

（八）检修或测试测量

测试正向转极值、反向转极值、临界正向不转极电压值、临界反向不转极电压值、释放值、工作值、反向不吸起值，测量线圈电阻、接点电阻、绝缘电阻、普通接点压力、加强接点压力、衔铁保持力、动合接点压力、动断接点压力，其技术指标应符合《普速铁路信号维护规则》（技术标准）中关于有极（偏极）继电器的相关技术标准，并将测试测量结果记入表 A.1。

（九）粘贴标志

擦拭外罩，填写绿色不干胶粘贴标志（见附录 A 中表 A.2），规格为 3.5 cm × 3.5 cm，标志应字迹清晰，粘贴在外罩前部下方。

七、验收及加封

1. 验收实行自验、工长验、验收员验三级验收制度，各级验收应按《普速铁路信号维护规则》（技术标准）中"继电器"部分的技术指标执行。
2. 检修者应对机械特性、电气特性进行自验。
3. 工长按验收范围进行验收，确认合格后在表 A.1 的"验收 1"栏内加盖印章。
4. 验收员按验收范围进行验收，确认合格后在表 A.1 的"验收 2"栏内加盖印章。
5. 验收合格后的继电器，由检修者上罩，外罩应清洁明亮、封闭良好，继电器的所有可动部分和导电部分无论在任何情况下，不应与外罩相碰，然后由检修者加封，封印应完整。

八、记录

安全型有极（偏极）继电器检修作业活动应记录在"安全型继电器检修卡片"（见表 A.1）和"粘贴标志"（见表 A.2）上。表 A.1 随器材交验收员统一管理，保存期为继电器的寿命期限，超过保管期限的记录，经车间主任批准后销毁。

九、作业点评

作业完毕，作业负责人组织召开小结会，作业人员汇报任务完成情况和设备质量情况，作业负责人填写《工作日志》，将检修发现且未能修复的问题纳入待修记录。

十、附录

附录 A

（规范性附录）

安全型继电器入所检修作业记录

表 A.1 安全型继电器检修卡片

检修编号＿＿＿＿　型号＿＿＿＿　厂家＿＿＿＿　出厂编号＿＿＿＿　出厂日期＿＿＿＿

入所：入所日期　使用处所　检修日期

检修顺序	线圈电阻/Ω	动作特性/V·mA				最大接点电阻/Ω		特性										检修者	验收者1	验收者2	出所		备注
		释放值	工作值	反向工作值	转极值	前	后	动合接点最小压力/mN	动断接点最小压力/mN	加强接点最小压力/mN	缓吸	缓放	3 s	13 s	30 s	180 s	绝缘电阻/MΩ				日期	使用处所	
														时间特性/s									
检修前																							
检修后																							
验收 1																							
检修前																							
检修后																							
验收 1																							

表 A.2　检修小票

类 型:	
编 号:	
日 期:	年　　月
到 期:	年　　月
检 修:	验收 1:
站 名:	验收 2:

（材料为不干胶，大小为 35 mm×35 mm）